U0266979

花园医生

花园医生

（英）乔・惠廷汉姆　著
邢蓬宇　译

长江出版传媒　湖北科学技术出版社

LONDON, NEW YORK, MUNICH, MELBOURNE, DELHI

图书在版编目（CIP）数据

花园医生 / (英) 乔 · 惠廷汉姆著 ; 邢蓬宇译.
-- 武汉 : 湖北科学技术出版社, 2015.6（2017.4重印）
ISBN 978-7-5352-7354-3

Ⅰ. ①花… Ⅱ. ①乔… ②邢… Ⅲ. ①观赏植物－观赏园艺－问题解答②观赏植物－病虫害防治－问题解答
Ⅳ. ①S68-44②S43-44

中国版本图书馆CIP数据核字(2014)第303947号

Garden Rescue, by Jo Whittingham
ISBN 978-7-5352-7354-3

湖北省版权著作权合同登记号：17-2014-369

责任编辑：张丽婷
书籍装帧：戴　旻
出版发行：湖北科学技术出版社
www.hbstp.com.cn
地址：武汉市雄楚大街268号出版文化城B座13~14层
电话：（027）87679468
邮编：430070
印刷：中华商务联合印刷（广东）有限公司
邮编：518111
督印：朱 萍
版次：2015年6月第1版
印次：2017年4月第2次印刷
定价：78.00元
本书如有印刷质量问题可找承印厂更换。

目录

了解你的花园

乔·惠廷汉姆是一位园艺作家，她拥有英国雷丁大学的园艺学硕士学位。她亲身种植植物，因而十分了解植物。2011年她编著的《种植每天吃的东西》一书，被誉为“花园媒体协会的实用书”。在此之前,她在由英国DK公司出版、英国皇家园艺协会编写的“成功的捷径”系列中写过两本书，分别是《盆栽蔬果》《蔬菜花园》。她还为《业余园艺》和《苏格兰人》杂志撰稿。

美食花园

蔬菜

果树的急救

观赏花园

乔木、灌木与攀缘植物

多年生、球根和花坛植物

草坪

如何使用本书

本书将教你遵循一定的方法、步骤，诊断包括果树、蔬菜在内的所有花园植物的常见病虫害。成为合格的花园医生的第一步，是要掌握确保植物健康、茁壮成长的知识。如果你了解植物健康生长时的状态，你就能很快地辨别出来染病的植物。对照书中的知识，仔细检查你花园中的植物，看看能不能发现病虫害迹象。

基础知识

在“了解你的花园”中，你将了解植物究竟是如何生长的，植物生长所需的一切要素以及植物的形态特征、生长习性等。右侧的图表列出了容易被误认为是病虫害的几种情况。你还将会认识花园里植物的朋友与敌人以及在花园里防治病虫害的正确方法。

正常状况

常绿植物在夏季的落叶现象看起来似乎令人忧心，但其实是植株新陈代谢的正常过程。木本植物的生长、开花需要耗费一定的时间，但请相信，你的等待是值得的。

水分过多 一些灌木长出了生长强健却从不开花的枝条。这种枝条就需要从基部剪除。

浆果消失 漂亮的浆果在成熟后往往突然就不见了。别担心，它们是被吃掉了。

需要外力支撑的攀缘植物 尽管攀缘植物自身具备一定的攀爬能力，但在生长初期也需要借助支撑物的帮助。

别担心，一些植物看起来似乎出现了病虫害迹象，其实那只是正常的生长现象。

专题详述

“美食花园”与“观赏花园”向园丁提供了细致的种植建议。在介绍不同植物类型（见右图）时，概述了这类植物的主要品种以及生长习性，并列出了植物生长过程中可能出现的问题。这些信息有助于园丁更好地栽培植物，抵御病虫害对植物的危害。

64 美食花园

甘蓝类蔬菜

甘蓝类蔬菜种类很多，有的品种是心叶抱合成球，有的品种是花轴分枝成球。甘蓝类蔬菜生长期较长，需要较大的生长空间和湿润的土壤条件。定期施肥有助于甘蓝类蔬菜的健康生长。集中种植甘蓝类蔬菜并，每年都变换种植地点，有助于避免发生病虫害。

心叶抱合成球型

冬甘蓝、羽衣甘蓝和抱子甘蓝都是适合冬季栽培的品种，羽衣甘蓝则全年都可以随种随收。它们既可以用种子种植，也可以直接购买种苗。甘蓝类蔬菜株形美观，作为观赏植物种植在花園中也很不错，当观赏花卉在冬季都凋谢后，羽衣甘蓝就可以成为花园的主角。

根肿病

根肿病会使蔬菜根部肿胀，导致植株死亡。为了避免发病，可以采取轮作、改良土壤以及向酸性土壤中添加生石灰的方法（见69页）。

防虫

用小垫圈卡在幼苗根部可以防止害虫在植株根系附近产卵（见69页）。

品种繁多

这类甘蓝虽然看起来都差不多，但采食的具体部位还是有所不同。一般我们所讲的卷心菜的地面部分都可以食用，羽衣甘蓝、抱子甘蓝等却是以叶片为食用部位。

紫甘蓝　冬甘蓝　羽衣甘蓝　抱子甘蓝

嵌入式信息图：结合配图，提供了某类植物的详细信息。

品种收集：列出了同属植物的不同品种，有助于园丁举一反三，灵活运用。

标识的意义

下面这些图标将贯穿全书始末。了解它们所代表的意义可以帮助你更好地使用这本书。

正常 出现这些现象是植物正常生长的表现，无需多虑。

诊断 列出了病虫害的主要迹象和症状。

治疗 学习如何对症施治。

修剪 学习不同植物的正确修剪技术。

解决问题

如果发现了植物出现病虫害迹象，可以先查阅书中这一部分的内容（见右图）。以问答题及流程图的形式列出了不同种类植物的常见病虫害迹象、特征以及对症施治的要点、步骤、方法。

诊断表 善于利用诊断表来观察植物可以降低植物受到病虫害侵袭的几率，即便植物出现病虫害迹象，也可以在第一时间对症施治。可以边阅读本书边到花园里实践观察，或直接剪下染病植株样本，拿到室内对着书本进行对比研究。

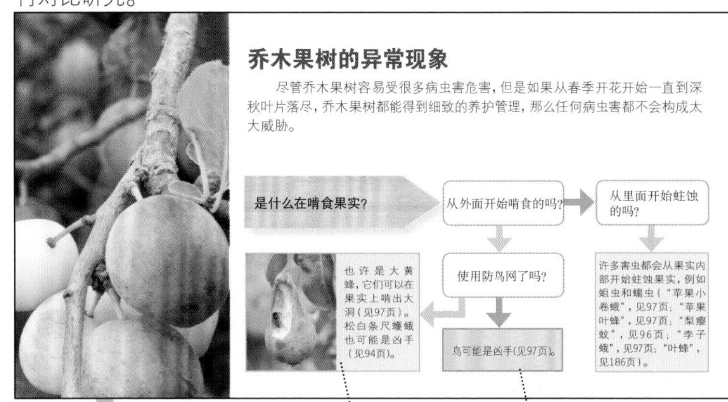

乔木果树的异常现象

尽管乔木果树容易受很多病虫害危害，但是如果从春季开花开始一直到深秋叶片落尽，乔木果树都能得到细致的养护管理，那么任何病虫害都不会构成太大威胁。

是什么在啃食果实？

从外面开始啃食的吗？

从里面开始蛀蚀的吗？

使用防鸟网了吗？

也许是大黄蜂，它们可以在果实上啃出大洞（见97页）。松白条尺蠖蛾也可能是凶手（见94页）。

鸟可能是凶手（见97页）。

许多害虫都会从果实内部开始蛀蚀果实，例如蛆虫和蠕虫（“苹果小卷蛾”，见97页；“苹果叶蜂”，见97页；“梨瘿蚊”，见96页；“李子蛾”，见97页；“叶蜂”，见186页）。

绿色 代表导致问题出现的原因及应对方法。

红色 代表可能导致问题出现的原因，或是需要重新回到流程图中分析其他可能性。

便签纸样式的图表提供了关于某类病虫害的补充性知识。

提问 以诸如“是什么在啃食植物的叶片？”这样的问题，向园丁介绍该类植物最易出现的病虫害迹象。

回答 提供可能导致问题出现的原因，并提供一些防治措施。

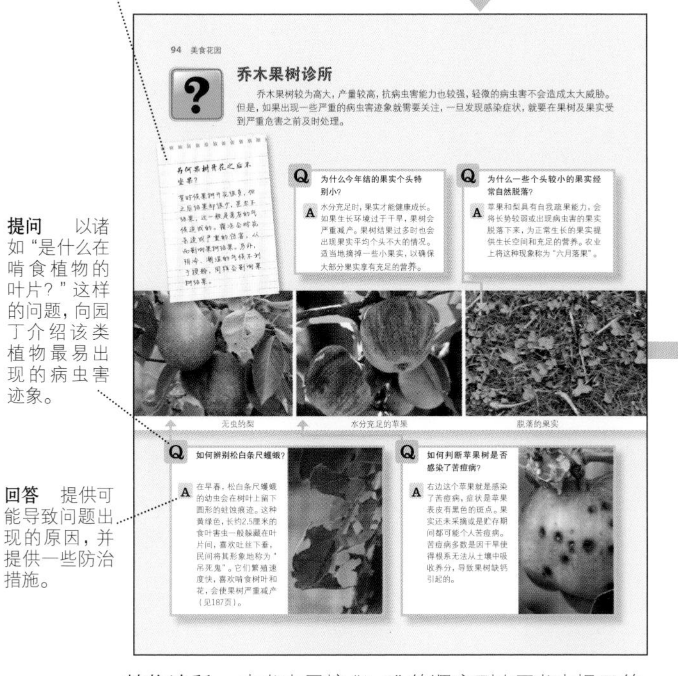

94 美食花园

乔木果树诊所

乔木果树较为高大，产量较高，抗病虫害能力也较强，轻微的病虫害不会造成太大威胁。但是，如果出现一些严重的病虫害迹象就需要关注，一旦发现感染症状，就要在果树及果实受到严重危害之前及时处理。

为何果树开花之后不坐果？

有时候果树开花很多，但之后结果却很少，甚至不结果，这一般是恶劣的气候造成的。霜冻会对花朵造成严重的伤害，从而影响果树结果。另外，阴冷、潮湿的气候不利于授粉，同样会影响果树结果。

Q 为什么今年结的果实个头特别小？

A 水分充足时，果实才能健康成长。如果生长环境过于干旱，果树会严重减产。果树结果过多时也会出现果实平均个头不大的情况。适当地摘掉一些小果实，以确保大部分果实享有充足的营养。

Q 为什么一些个头较小的果实经常自然脱落？

A 苹果和梨具有自我疏果能力，会将长势较弱或出现病虫害的果实脱落下来，为正常生长的果实提供生长空间和充足的营养。农业上将这种现象称为“六月落果”。

无虫的梨

水分充足的苹果

脱落的果实

Q 如何辨别松白条尺蠖蛾？

A 在早春，松白条尺蠖蛾的幼虫会在树叶上留下圆形的蛀蚀痕迹。这种黄绿色，长约2.5厘米的食叶害虫一般躲藏在叶片间，喜欢吐丝下垂，民间将其形象地称为“吊死鬼”。它们繁殖速度快，喜欢啃食树叶和花，会使果树严重减产（见187页）。

Q 如何判断苹果树是否感染了苦痘病？

A 右边这个苹果就是感染了苦痘病，症状是苹果表皮有黑色的斑点。果实还未采摘或是贮存期间都可能个人苦痘病。苦痘病多数是因干旱使得根系无法从土壤中吸收养分，导致果树缺钙引起的。

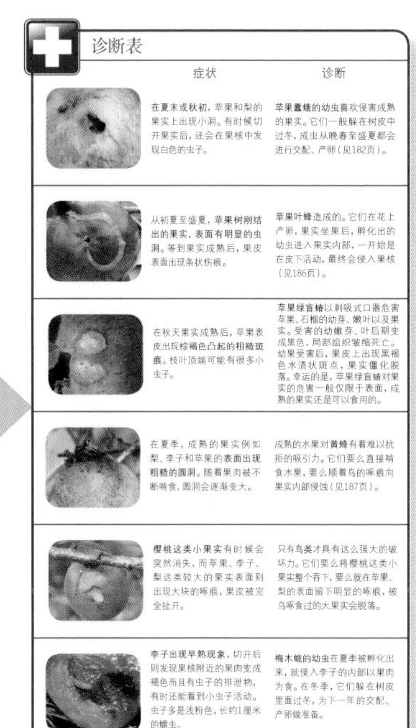

诊断表

症状	诊断
在夏末或秋初，苹果和梨的果实上出现小洞。有时候切开果实后，还会在果核中发现白色的虫子。	**苹果蠹蛾**的幼虫喜欢侵害成熟的果实。它们一般躲在树皮中过冬，成虫从晚春至盛夏都会进行交配、产卵（见182页）。
从初夏至盛夏，苹果树刚结出的果实，表面有明显的虫洞。等到果实成熟后，果皮表面出现条状伤痕。	**苹果叶蜂**造成的。它们在花上产卵，果实坐果后，孵化出的幼虫进入果实内部，一开始是在皮下活动，最终会侵入果核（见186页）。
在秋天果实成熟后，苹果表皮出现棕褐色凸起的粗糙斑痕。枝叶顶端可能有很多小虫子。	**苹果绿盲蝽**以刺吸式口器危害苹果、石榴的幼芽、嫩叶以及果实。受害的幼嫩芽、叶后期变成黑色，局部组织皱缩死亡。幼果受害后，果皮上出现黑褐色水渍状斑点，果实僵化脱落。幸运的是，苹果绿盲蝽对果实的危害一般仅限于表面，成熟的果实还是可以食用的。
在夏季，成熟的果实例如梨、李子和苹果的表面出现粗糙的圆洞。随着果肉被不断啃食，圆洞会逐渐变大。	成熟的水果对**黄蜂**有着难以抗拒的吸引力。它们要么直接啃食水果，要么顺着鸟的啄痕向果实内部侵蚀（见187页）。
樱桃这类小果实有时候会突然消失，而苹果、李子、梨这类较大的果实表面则出现大块的啄痕，果皮被完全扯开。	只有**鸟类**才具有这么强大的破坏力。它们要么将樱桃这类小果实整个吞下，要么就在苹果、梨的表面留下明显的啄痕，被鸟啄食过的大果实会脱落。
李子出现早熟现象，切开后则发现果核附近的果肉变成褐色而且有虫子的排泄物，有时还能看到小虫子活动。虫子多是浅粉色，长约1厘米的蠕虫。	**梅木蛾的幼虫**在夏季被孵化出来，就侵入李子的内部以果肉为食。在冬季，它们躲在树皮里面过冬，为下一年的交配、产卵做准备。

植物诊所 本书末尾按“A-Z”的顺序列出了书中提及的所有病虫害的信息，包括“症状、易染病的植物、预防措施、治疗措施”等（见180~187页）。

常见的病虫害迹象 将容易混淆的病虫害迹象放到一起进行讨论，以便于园丁掌握它们的区别，帮助园丁正确判断病虫害类型。

了解你的花园

花些时间了解你的花园，有助于你正确选择适合自己花园环境条件的植物。因地制宜地选择植物是成功的第一步，可以让植物在适宜的环境中健康生长，也能增强植物抵御病虫害的能力。接下来，将从如何种植植物开始，为你介绍乔木、灌木、多年生植物及草坪等不同类型的植物的形态特征及生长习性，告诉你如何了解花园的光照、土壤类型等环境条件，帮助你更好地选择适宜的植物。

此外，这部分内容还包括了如何以生态方式抑制病虫害等有机种植的相关知识，教你辨别花园植物的“朋友”与“敌人”，判断病虫害迹象与植物的正常生长现象，让你可以快速辨认出花园中感染病虫害的植物。

植物是如何生长的

植物的根、茎、叶、花等每个部分都为其生长、繁殖发挥着独特的作用。了解植物如何生长有助于更好地种植植物，也有助于辨别植物受到何种病虫害的侵害或正处于何种不良的生长环境中。

植物的基础知识

植物需要水分、养料、光线、空气和适宜的温度来维持生长。园丁可以为植物创造适宜的环境条件。花园植物的品种十分丰富，虽然一些品种的适应性很强，有的甚至能在极端炎热或寒冷的环境中生存。但最好种植本地土生土长的植物品种，因为它们能更好地适应你的花园环境。

植物通过光合作用制造生长所需的能量，这是一个复杂的过程，主要是通过叶子中的叶绿素完成。在阳光的照耀下，叶绿素能将水和二氧化碳合成为植物生长所需的有机物。植物的根系负责吸收水分，随后通过茎将水分输送到植物的各个部位，最终通过叶子中的气孔蒸发出去。土壤中的营养物质通过植物根系对水分的吸收作用和茎的输送，供植物生长使用。

叶子的重要作用

叶子中的叶绿素能从阳光中获取能量，并将其转化为植物生长所需的有机物。如果叶子因病虫害或人为破坏而萎蔫时，整株植物的活力也将受到影响。

花朵的作用

花朵利用鲜艳的色彩和芬芳的花香来吸引昆虫授粉，有时也利用风来传播花粉。花朵需要经过授粉才能坐果。

繁殖

开花植物往往通过结出种子繁殖，但有许多植物是通过其他方式繁殖后代的。有些植物会在土壤表层长出许多浅根，并在浅根上生长出新的植株。

植物的根系

除了将植物紧紧地固定在土壤中，根系还负责从土壤中吸收植物生长所需的水分与养料。如果根系因病虫害、缺水或因其他原因受损时，一般首先表现为茎、叶枯萎。

雄株与雌株

一些灌木是雌雄异株，因此需要分别种植雄株和雌株，以完成授粉、结果。

种子的收集与传播

部分结果的灌木或乔木是自花授粉植物，但许多其他的植物都需要传播介质才能完成授粉。在花朵上采食花蜜的昆虫就能帮助植物完成授粉。

植物的茎

茎是植物的核心，可支撑植株，在根系与叶片之间输送水分、养料。茎的外部一般包覆着具有保护作用的表皮，以抵御病虫害的侵扰。

草本植物的茎 与乔木、灌木等木本植物的茎不同，多年生草本植物的地上部分每年都会干枯。草本植物的茎往往比较柔软，一些较高的植物往往需要支撑物的支撑。

了解你的种植地点与土壤

每一个种植区都是独一无二的。相邻的地点，甚至是一个花园的不同区域，为植物提供的生长条件都可能截然不同，这取决于种植区的土质、朝向、光照和周围遮蔽物（树木或建筑物）的情况。花点时间了解你的种植地点和土壤有助于你挑选最适宜生长的植物，因地制宜地选择植物能花费最少精力，而使植物保持繁盛的生长状态，增强植物抵御病虫害的能力。

朝向

筹建花园时，首先就要弄清楚主要种植区域的朝向问题。南向的花园往往温暖且光照时间较长，而北向的花园则相对冷凉、阴蔽。有些植物需要全日照的生长条件，有些植物则在阴蔽的环境中才能健康成长。仅了解花园的朝向还不够，园子里的隔墙、栅栏等区域的朝向与光照情况都应该了然于胸，这样在安排植物的种植地点时才会有据可依。花园周围的高大建筑物、树木或是栅栏所形成的阴影也应纳入考察范围。

提供遮蔽物

植物直接暴露在强风中很可能会受损，或是影响授粉。确定花园的主导风向，通过在上风处栽种树木、建造栅栏等遮蔽物形成风障，可以有效减弱风力。砖墙与建筑物可以减弱植株底部的风力，但是在风向下游，它们会使气流紊乱，这同样会对植物造成很大的损害。

砖墙、栅栏、建筑物、树篱等构成的遮蔽物还会形成遮雨区——这就直接导致了这些区域的土壤容易干旱，也意味着种植在类似区域的植物经常需要人工灌溉。

冬季的霜冻

对园丁而言，了解每年第一场和最后一场霜冻出现的时间十分重要，因为许多植物无法在霜冻条件下生存。花园中靠北的区域，或是一些阴蔽区域的霜冻时间要更长些，这些地方的植物生长期也会相应地缩短。

（上图）**选择植物**要根据种植环境进行。例如，蕨类植物就喜欢在潮湿、阴凉的环境中生活。

（左图）**在光照充足且有遮蔽物**的环境中，一些纤弱的植物能健康生长，但要注意那些冷空气容易聚集的区域，例如花境的底部或是斜坡的底部。

花园里的土壤

土壤是植物的生命之源，为植物提供生存所需的水分、养料。了解花园的土壤状况意义重大，不仅能大大提高你的劳动效率，也有助于你有针对性地挑选适宜当地土质的植物，让植物即便在缺乏精心照料的情况下也能健康生长，而且也不太容易受到病虫害的侵扰。

不同类型的土壤

理想的花园土壤称为“壤土”，既不会过黏，水分也不会过快地流失。实际上，大部分花园里的土壤多为沙土或黏土。质地较轻的沙土虽然易耕种，但土壤持水力弱，水分流失太快，土壤中的养分也很容易随着水分一起流失。质地较重的黏土不利于耕种，而且土壤在湿润的情况下容易粘黏，一旦天气放晴，这些粘黏的土壤就会板结成难以撬动的土块，不利于植物的生长和园丁的劳作。无论你的花园土壤是什么类型，一年一次的土壤改良工作都是必要的。向土壤中加入利于植物根系生长的有机物质如花园堆肥等，能够有效地改良土壤。

测试你的土壤

使用土壤pH值测试工具评估土壤的酸碱度，其结果可以判定适合种植的植物种类。按照测试工具的提示说明，在所提供的试管中加入花园土和水，充分摇晃，混合均匀后用测试纸测试。

土壤的酸碱性

土壤的酸碱性直接影响着对植物品种的选择。许多植物只能在酸性或碱性土壤中生长，但是大多数植物都能适应最普通、最常见的微酸性园土。考察当地土生土长的植物是判断土壤酸碱性最便捷的方法，使用专业的测试工具也能方便、快捷地得出答案。

土壤的排水性

如果土壤表层出现小水坑，很明显这里的土壤较黏重，排水不畅。虽然许多沼泽类植物只有在这种潮湿的环境中才能长势繁茂，但大部分植物更喜欢排水良好的土壤。用铁锹翻开表层土壤，铺上粗沙砾后充分混合，能够有效提高土壤的排水性。

改良你的土壤

改良土壤及确保植物健康生长的最好方法就是每年向土壤中添加有机物，例如适宜植物根系生长的花园堆肥、腐熟的厩肥等。可以在修建新苗床时直接将它们与原有土壤混合使用，也可以将有机物环绕植物均匀地洒在土壤表面，但要避免直接接触枝干。

土壤养分缺乏

当植物缺乏某种养分时，就会发生叶片变色（褪色）的情况。在沙质土壤中，氮与镁很容易流失，但通过施肥能很快地补充回来。有时土壤并不缺乏养分，但植株却无法吸收，这可能是因为土壤过于干旱或是土壤酸性过高的原因。

植物缺铁的症状

植物缺镁的症状

植物缺氮的症状

乔木、灌木和攀缘植物

乔木与灌木勾勒出花园的整体结构与风格，攀缘植物则起到装扮、布景的作用。作为花园中的骨干树种，它们既可以遮挡阳光、减弱强风，还可以在花园里起到分区划界的作用，许多品种还能开出美丽的花朵，长出多彩的枝叶和美味的浆果。

乔木

习性　乔木一般具有独立的主干，从主干上分生出枝干（也有一些乔木拥有多个主干）。有些乔木呈“帚状”，它们一般高大、纤细；也有的飘逸、摇曳。

园艺用途　可观赏多种多样的枝干、叶片、花朵、果实和独具特色的树皮等。它们可以用作背景、树篱，也可阻挡强风。

种植地点　能适应大部分土壤类型，但需要足够大的生长空间。部分品种对土壤条件有特殊要求。

修剪　种植不久的幼苗需进行修剪，以形成理想的株型。但大部分成年乔木仅需去除枯枝和受损的枝条即可。

株高　有些低矮的乔木只能长到约一人高但有的却可高达90米。不同品种的差异很大。

观赏期　落叶乔木一般在秋天会将叶片落尽，而常绿乔木全年都郁郁葱葱。有的春天开花；有的秋天叶子变色或结出浆果，各具特色。

寿命　尽管很多乔木的寿命长达数百年，但一些受欢迎的园艺品种，例如樱花树、海棠树等的寿命只有50~80年。

如何购买　可以购买盆栽的一年苗，或是向专业苗圃订购裸根苗，冬季栽种。

长期观察　乔木的寿命一般长达数十年，所以在挑选时可以选择心仪已久的品种，同时它也必须能够适应你花园的自然环境。

灌木

习性　灌木是枝干众多的木本植物，一般从近地面处开始丛生出许多横生的枝干。它们有的高大，有的矮小；有的茂密，有的纤弱；有的终年常绿，有的秋季落叶。大多数灌木整枝后都能长成树篱。

园艺用途　往往以花朵和浆果为主要观赏对象，也有一些品种属于观叶类型。灌木十分适宜密植作为树篱。

种植地点　灌木习性强健，在大部分环境中都能健康成长。一些品种喜欢土壤肥沃和全日照的环境，也有部分品种更适应荫蔽的环境。有些灌木并不耐寒。

修剪　一年一次的修剪对于灌木保持良好的株型十分重要。但大部分灌木只需剪除枯枝和受损枝条，无需特殊修剪。

株高　灌木种类繁多，既有低矮的薰衣草属和石南花属植物，也有与乔木类似，能高达6米的品种。通过修剪与整枝，能够控制灌木的高度。

观赏期　灌木既有落叶品种，也有一年

四季都可观赏的常绿品种。每一个季节都有花可赏，秋冬季节还能欣赏到多彩的浆果与独特的树皮。将不同品种的灌木搭配种植，能延长花园的观赏期。

寿命 如果得到精心照料，某些大型灌木能够生存数十年。一些小型灌木则需要5~10年进行品种更新。并不是所有的灌木都习性强健，也有一些品种的寿命非常短，这取决于具体的种植条件。

如何购买 在苗木市场全年都可买到盆栽的灌木。购买裸根苗则需向专业苗圃预订，并在冬季进行移栽。

攀缘植物

习性 攀缘植物习性强健，大多数攀缘植物的茎类似草本植物，但也有多年生攀缘植物的茎是木质茎。

园艺用途 可分为观花型与观叶型，有的还以浆果的观赏性见长。多用来覆盖墙面、栅栏或是一些影响花园整体观感的区域。

（上图）**寿命短但观赏性强的品种** 薰衣草属植物的寿命一般不超过5年。

（右图）**空中景观** 攀缘植物使花园美景由平面转为立体。

种植地点 种植在有支撑物的地方，例如墙边、栅栏或藤架处，也可以种在高大植物旁边或蔓生作地被植物。有些品种需要全光照，有些则喜欢阴蔽的环境，但大多数都喜欢肥沃、湿润的土壤。

修剪 每年一次的修剪对于一些开花的攀缘植物十分必要。大部分攀缘植物都需要通过修剪来控制植株的生长范围，避免过度生长。

株高 品种繁多，株高从2米到20米不等，取决于具体的品种和种植条件。通过修剪可以有效控制株高。

观赏期 大部分开花品种的观赏期为春季至秋季，部分品种的观赏期为冬季和早春。常绿品种全年都具有良好的观赏效果，落叶品种的叶片在秋季往往呈现出艳丽的色彩。

寿命 一年生的草本攀缘植物寿命只有一年，一些木本的攀缘植物寿命长达数十年，例如紫藤。

如何购买 大部分攀缘植物都以盆栽形式出售，也有一些需要播种育苗。

正常状况

常绿植物在夏季的落叶现象看起来似乎令人忧心，但其实是植株新陈代谢的正常过程。木本植物的生长、开花需要耗费一定的时间，但请相信，你的等待是值得的。

水分过多 一些灌木长出了生长强健却从不开花的枝条。这种枝条就需要从基部剪除。

浆果消失 漂亮的浆果在成熟后往往突然就不见了。别担心，它们是被吃掉了。

需要外力支撑的攀缘植物 尽管攀缘植物自身具备一定的攀爬能力，但在生长初期也需要借助支撑物的帮助。

多年生植物和球根植物

一般来说，夏季多以草本的多年生植物组成花境为主，而春季则主要使用球根植物造景。多年生植物和球根植物品种丰富，在每个季节都有代表性的品种，都很适合混合种植。可以多进行一些实验性的配植，最大限度地挖掘它们搭配种植的可能，打造最美丽的花园景观。

多年生植物

习性 强健的多年生植物一般在春季开始新一轮的生长，夏季开花，秋季地上部分逐渐枯萎。而地下的根系能够安全越冬，等待来年春季地上部分的再次萌发。也有像蕨类植物这样的多年生植物，即便在冬季它们的叶片也继续生长，在下一个春季才开始新老叶片的替换。

园艺用途 美丽的花朵、多彩的叶片和多样的形态使许多多年生植物成为优秀的花园植物品种。有的品种还能结出种子和果实，观赏期延长至秋冬季。多年生植物品种繁多，姿态、花色各异，将它们合理搭配组成混合花境，可以确保花园的观赏期贯穿全年。

种植地点 有些多年生植物几乎能适应所有类型的土壤和自然环境，但是大部分都只有在环境条件都较为理想时才能健康成长。许多多年生植物喜欢全日照和湿润但排水良好的土壤，也有一些则喜欢阴蔽、潮湿的环境。多年生植物一般都习性强健，但某些柔弱的品种在冬季需要越冬保护。

修剪 在秋季植株地上部分枯死后，从基部彻底清除所有枯枝、败叶。除此之外，不需要额外的修剪。但是，一些品种每3~5年就要挖出根茎进行分株。较高的品种需要适当修剪，以控制高度。

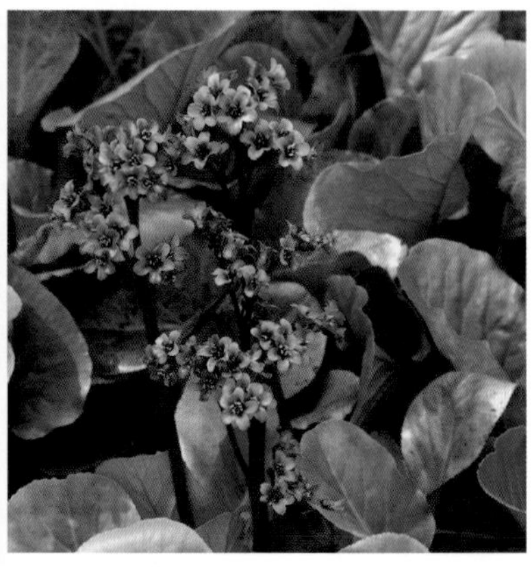

（上图）**常绿的多年生植物** 岩白菜属植物在早春开出艳丽的花朵，它的叶子四季常绿。

（左图）**持久的色彩** 芍药属植物不需要特殊的照料，就可以生存数十年。

株高 多年生植物品种繁多，既有矮生的地被品种，也有高大适宜充当花境背景的品种。大部分多年生植物经过数年的生长都能形成花丛，需要适时分株以控制长势与规模。

观赏期 多年生植物的花期一般从春季至秋季，不同品种的花期各异，单朵花的开放时间较短，一天至一周不等。种植时应精心挑选、搭配，以最大限度地延长花园的观赏期。许多冬季常绿品种在冬季和早春都能凭借叶片和花朵吸引目光。

寿命 养护得当的多年生植物寿命可以达到十多年，例如芍药属的许多品种的寿命能超过100年。但是如果疏于照料或是从不进行分株，它们也可能在数个观赏期后就彻底死亡。

如何购买 在苗木市场可以买到盆栽的多年生植物，也可以订购裸根苗。

球根植物

习性　球根植物的地下部分呈变态肥大状。其生命周期一般为：生长、开花、地面部分死亡，随后地下部分进入休眠期，等待新一轮的生长期开始。

园艺用途　球根植物一般能开出优美、艳丽的花朵，但花期很短，数日至数周不等。它们色彩鲜艳的花朵，是整个花园的视觉焦点。

种植地点　大部分球根植物喜欢排水良好且全日照的环境，但也有部分品种更喜欢在阴凉环境中生存。球根植物大多习性强健，但也有部分品种无法露地越冬，需要将球根挖出进行越冬保护。

修剪　在秋季植物地面部分枯死后，从基部彻底清除所有枯枝。要让叶子自然枯萎掉落而不要过早剪除，因为地下的球根全靠叶子汲取养分。

株高　矮生的球根植物适宜种植在花坛前排或直接种植在草坪之中。可以选择株高相近的品种进行丛栽。此外，矮生的球根植物亦非常适合盆栽。

观赏期　球根植物的观赏期并不仅限于春季，也有夏季、秋季甚至冬季开花的品种。种植时应科学搭配，最大限度地延长花园观赏期。

寿命　在合适的环境中，球根植物可以在花园中连续生长数年，甚至十几年。然而，在不良的环境条件中，它们的寿命可能仅有一年。

如何购买　在苗木市场可以买到各种球根，也有处于生长状态的裸根种球或盆栽幼苗出售。

正常状况

多年生植物与球根植物的某些特性可能会让你误以为它们受到了病虫害的侵扰，实际上这只是它们正常的生长状态。例如，球根植物的叶子在花期后会迅速凋零，但此时并不应该进行修剪，因为地下的球根需要依靠叶片汲取养分，将它们隐藏在邻近植物中即可。

干枯　一些春季开花的多年生植物的叶片在夏季会干枯或看起来不那么精神。

花期很短　许多多年生植物和球根植物的花期很短，单朵花的观赏期只有一天，整株植物的花期也不超过一周。

只有花没有叶　一些球根植物和多年生植物的花与叶的生长并不同步，经常出现先花后叶的情况。

（上图）番红花是典型的**叶前花**植物，它的花、叶生长不同步。

（右图）**诱人的花穗**　葱属植物在夏季往往有出色的表现，许多都能开出美丽的花穗。

花坛植物与草坪

花坛植物生长迅速，充满活力，可以组成花园或庭院中的美丽景观。大多数花坛植物是作为一年生植物栽培的，但也有许多品种如果照料得当，能够连续数年保持旺盛长势并开出美丽的花朵。在花园的中心地带，一般都会铺设大片的草坪。草坪需要精心的养护才能保持良好的长势，不受杂草侵扰。

花坛植物

习性 花坛植物主要是指用来布置花坛或组成花境，供一个观赏季使用的一、二年生植物，也包括一些纤弱的多年生植物。除了习性强健的品种外，大部分花园植物需要在霜冻期过后，才能移栽到露地。

园艺用途 花坛植物以花形优美、花色丰富、花量充沛见长，而且生长迅速，可以在短时间内就营造出迷人的花坛美景。

种植地点 花坛、花盆和吊篮都是种植花坛植物的理想选择。一般情况下，花坛植物在全日照条件下才能生长繁茂，但也有像凤仙花这样的品种需要适当遮阴。大多花坛植物需要肥沃、疏松、排水良好的土壤条件。

修剪 不用进行特殊修剪，只需在花谢后及时剪除残花，避免耗费养分。有些多年生的花坛植物过冬后，需要进行修枝整形。

株高 虽然花坛植物的株形普遍茂密、紧凑，但大部分品种尤其是盆花的株高不会超过30厘米，但也有像波斯菊这样的品种株高较高。通常枝蔓能长达10厘米左右的蔓生植物就很适合营造出精彩的吊盆效果。

（上图）**一年生的艳丽植物** 夏季开花的一年生植物如果照料得当，可以开出艳丽的花朵。

（左图）**纤弱的多年生植物** 如果在冬天对纤弱的多年生植物进行保护，就可以年复一年地欣赏它们盛花期的美景。

观赏期 花坛植物的盛花期多为夏季、初冬和早春。夏季开花的花坛植物无法耐受霜冻天气。而初冬和早春开花的花坛植物在寒冷的季节也会有较好的表现。

寿命 花坛植物的盛花期一般不会超过6个月。许多植物的生长期很长，但盛花期过后长势就不再繁茂，花量也迅速减少，园丁一般会将其清除出花坛。但一些较为纤弱的品种如果在冬天得到保护，会连续数年都有良好的表现。

如何购买 在苗木市场可以买到处于生长期各个阶段的花坛植物。一些幼苗在地栽之前最好先进行假植，以提高成活率。直接购买大型的盆花也是不错的选择。也有许多园艺爱好者直接购买种子，自己播种育苗。

正常状况

花坛植物可能没有呈现预期的效果，草坪也许也会让你失望，但这并不意味着它们一定是受到了病虫害的侵扰。如果不定期修剪，即便是最整洁的草坪也会变得杂乱无章，花坛植物的长势也经常会超出预想。

不同寻常的花 植物因为人为引导、培育的原因，经常会开出奇特的花朵。如果发现了这些花朵，只要看看购买植物时附带的标签就会明白了。

黏质的叶子 某些植物例如矮牵牛，本身的叶片就是黏质的，实际上它们非常健康。

草坪上的杂草 除非是特别精心的照料（世界杯球场、高尔夫球场），否则草坪总会夹带着野草，很难彻底杜绝。只要控制住野草的长势就可以了。

草坪

习性 草坪是由多年生的低矮草坪草密植，并经过修剪形成的人工草地。草坪草的根系较浅，茎叶经常修剪。在修剪草坪时，剪除的只是上部的叶片，贴近土地的基部生长点并未受到损伤，所以草坪草可以迅速萌发，生长。

园艺用途 一片整洁、健康的草坪既可以作为花坛理想的背景，也可以供人们游憩。

种植地点 草坪在光照良好，土壤肥沃疏松的环境下生长得最好。将不同种类的草籽混种，能有效提高草坪的质量，增强其耐践踏能力。在铺设草坪之前，往往需要改良土壤，增强土壤的排水能力。

修剪 在春秋两季，每周都需要对草坪进行修剪。大部分草坪的理想高度是2.5厘米，但在旱季，可以让草长得稍长一点，以利于草坪的健康成长。修剪草坪时不应超过草长的1/3。

大小 如果有条件，可以铺设一个足球场那么大的草坪。但是草坪面积越大，养护所需的精力、时间也越多。

观赏期 如果照料得当，在冬季没有霜冻的地区，草坪可以一年四季都呈现出良好的状态。在草坪上种植球根植物或播撒野花种子能使整体观感更具特色。

寿命 尽管单株草坪草的寿命相对较短，但如果照料得当，草坪的最佳观赏期可以长达数十年。

如何购买 购买草籽时应根据当地的自然条件进行筛选，也可以直接购买草皮进行铺设。

（上图）**缀花草地** 将草籽与野花种子混合在一起播种，可以营造出美丽的缀花草地，还能吸引益虫和其他野生小动物。

（右图）**修剪的效果** 要想草坪呈现良好的状态，必须付出辛勤的劳动。

如何发现染病植株

发现花园中植物的异常现象，是判断植物是否受到病虫害危害并及时对症施治的第一步。在除草、修剪和浇水的过程中，要多留心观察植物的生长状况。如果对植物健康时的生长状态十分熟悉，就很容易发现植物的异常现象。

应该寻找哪些迹象

叶片的生长状况是体现植株是否感病的明显标记。叶片变色、萎蔫、变形、污点、空洞等都是植物出现异常的表现。仔细观察叶片的正反面，看看有没有小昆虫、黏乎乎的“蜜露”或是类似于霉菌一样的东西。

开花植物结不出花蕾或是花蕾还未开放就凋零、萎蔫，都意味着植物的生长环境出现了问题或植物受到了病虫害危害。盛开的花朵、成熟的果实都可能受到害虫与恶劣气候的损害。要仔细检查成熟的果实是否出现了斑点、裂痕、虫洞和腐烂。

植物的茎也很容易受到病虫害的侵害，一旦发现茎干出现异常就要及时剪除。草本植物的茎变得脆弱、瘫软、有黑色的潮湿斑痕或是耷拉下来，都是感染病虫害的表现。木本植物的木质茎干则容易出现真菌感染的白色黏斑。如果植物根部受损，整株植物的长势会受到明显影响，叶子也会萎蔫。

如果植物生长缺乏活力或长势不佳，就意味着生长条件出现了问题， 可能是土壤过干或是种植地点过于荫蔽，光照条件不好。将植物种在不适合其生长的环境中，很可能导致植物受病虫害的侵扰。

害虫啃食树叶

不同的昆虫在叶片上留下的啃食痕迹也不同。许多植物幼苗会因为叶片被严重损伤，植株无法获得足够养分而死亡。

茎叶萎蔫

植株过度缺水会导致茎、叶枯萎。但是，如果土壤积水严重导致植株根系腐烂也会出现上述情况。

染病植株 叶片黄化是植株染病的明显特征。初步判断感病原因是植株过大而种植容器过小，导致水分与养分供应不足。

叶片褪色

处于荫蔽环境中的植株叶片容易褪色，或变成褐色、棕红、紫色等，这表明植物生长状况不佳。叶片褪色应该引起足够重视。

腐烂

花蕾、果实或植株的其他部位出现黑斑、污点或直接腐烂，都是植物感病的明显迹象。老、弱植株尤其容易受到病害危害。

长势孱弱

植株看起来缺乏活力或者叶片上出现白色或黄色的痕迹可能是植株营养不良的表现。生长环境不佳、根系受损或感染了病虫害都会导致上述情况出现。

正常状况

尽管植株染病的迹象容易辨别，但新手有时也会将一些正常现象误认为是植株感染了病虫害。此时，仔细观察一下整株植物的长势，并与周围植物比较一下，就能快速确定植株究竟是否感病。

叶片变色 许多经过培育的园艺品种的叶片都会呈现出特殊的颜色、形状，这是正常的。园艺新手很可能会误认为是植株生长出现了问题。

畸形的果实 植物长出畸形的果实并非什么不同寻常的事情，也很难说清原因。但是，这丝毫不会影响果实的口感，更不意味着植株出现了异常。

树干处的肿块 许多观赏植物和果树都是经过嫁接的。在嫁接处，很容易出现肿块，这些肿块是嫁接的标志，不会影响植物的生长。

老叶变黄 常绿植物在生长过程中经常会出现叶片变黄脱落的情况。只要植株的整体长势正常，就不必过度担心。这只是老叶脱落，新叶长出的正常新陈代谢现象。

出现“短匍茎”和“鳞球” 许多植物是通过种子繁殖的，但也有部分植物是通过“短匍茎”、“鳞球”等繁殖，在根、茎、花等部位都经常会出现这种现象。

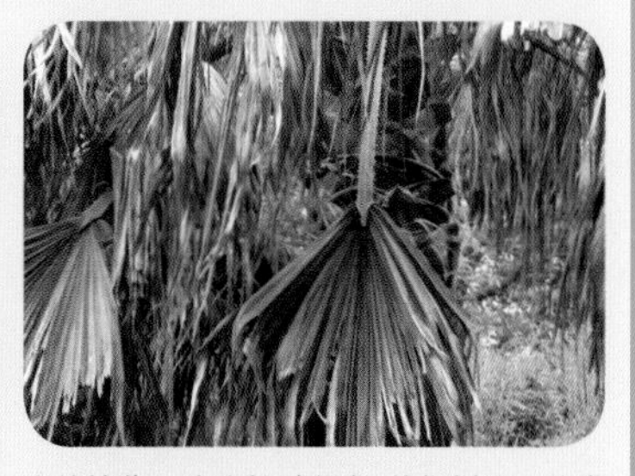

自然枯萎 在生长过程中，棕榈树和一些常绿植物下部的叶子会逐渐枯萎，最终脱落，这都是植物生长的正常现象。

病虫害如何影响植物的生长

发现植物存在异常并不困难，但即便是经验丰富的老园丁，也很难每一次都准确判断出植物究竟受到何种病虫害侵害。了解一些病虫害是如何侵害植物的基础知识以及植株的染病症状，有助于新手及时发现并确定问题所在。即使无法确定“元凶”，但起码可以遵循正确的方向有的放矢地进行治疗。

发病部位的症状

相较于健康生长的植株，受病虫害侵扰的植株会出现明显的伤口或感染症状，整体的长势也会受到严重影响，植株失去活力，花量和产果量都会下降。营养不良和生长条件恶劣对植株的影响较为类似，都会使植株抵抗病虫害的能力下降。受到创伤而长势不佳的植株，很容易受到其他病虫害的危害。

确定害虫类型

害虫侵害植物的方式多种多样，最明显的就是啃食叶片。啃食完叶片，害虫也不会离开植物，还会以其他方式继续作恶。这一类的害虫不仅会损坏植物的外形，严重的还会造成幼苗死亡。有些害虫喜欢在叶片或茎上吸食汁液，经常会使植株变形，叶片褪色，还会影响幼苗的生长，使它们看起来缺乏活力。仔细翻看叶片的背面和树干就能找到这些害虫。

有时候单看植株外形，很难确定

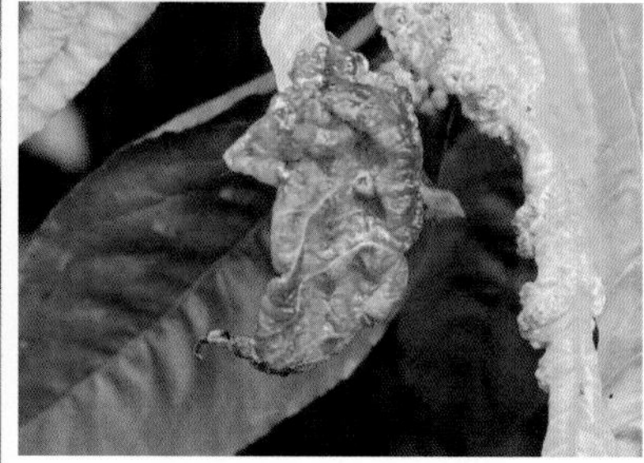

（右上图）黑醋栗的叶片上出现了**蚜虫**吸食汁液过后留下的水泡（见180页）。

（右下图）**桃叶卷曲**，叶片严重变形且呈现出玫红色。

（左图）蓝莓树的叶子受到**病毒感染**，叶片发黄，有的叶片还呈现珊瑚红色的斑纹。

花园里的绿叶菜很容易受到鸽子的危害，它们直接将叶片啄落，留下尖锐的断痕。

究竟是什么害虫导致叶片萎蔫甚至彻底枯死。真正的原因也许是地下害虫的侵害虫的侵蚀造成了根系严重受损。有些害虫还会通过在植株体内啃食为害，最终导致果实腐烂，但这类害虫一般不会对茎、叶等其他部位造成损害，所以很好辨认。

确定病害类型

真菌感染是植物的常见病，会使叶片出现斑点或是长出黏乎乎的菌丝，病情严重时会使叶片大面积死亡。真菌感染还会导致幼苗死亡，果实、茎干腐烂，最终使整株植物死亡，即便是大型植物也难逃厄运。在植物的基部或木质枝干上有时还会发现“伞菌”，这也是真菌感染的一种类型。

植物感染病毒时也会出现一些明显的症状，例如植株畸形、生长迟缓、叶片发黄或花朵出现不正常的色块。细菌感染的情况较为少见，但一旦发生就会迅速蔓延，使整株植物组织软化，最终变成泥状的液体，还散发出恶臭。

使用化学药品

即便是讲求有机种植的园丁，有时候也难免需要使用经过检验的化学药品来抑制顽固的病虫害。尽管通过正规渠道销售的所有园艺化学制剂都已经将对人体和环境的毒性降至最低，但也只有在迫不得已或是针对特定问题时才能使用，而且必须严格按照药品说明使用。

安全性 使用化学药品时应戴上橡胶手套。在进行喷雾作业时，应站在上风处，避免吸入药品。在对可食用植物喷洒药品时，只能使用经过批准的化学制剂。所有化学制剂都应存放在儿童不易获取的地方。

杀虫剂 某些杀虫剂是直接喷洒到叶片上，使杀虫剂与昆虫直接接触来达到杀虫效果的。有些则是通过植物吸收的方式，杀死那些啃食叶片或汁液的害虫。尽量在傍晚使用杀虫剂，以避免误伤蜜蜂。

杀菌剂 大部分杀菌剂都具备广谱杀菌效果，一旦被植物吸收，就能够对植物的各个部位都起到治疗效果。许多杀菌剂都是粉末状，需要根据说明，按照一定的比例与水混合，然后进行喷雾或浇灌作业。

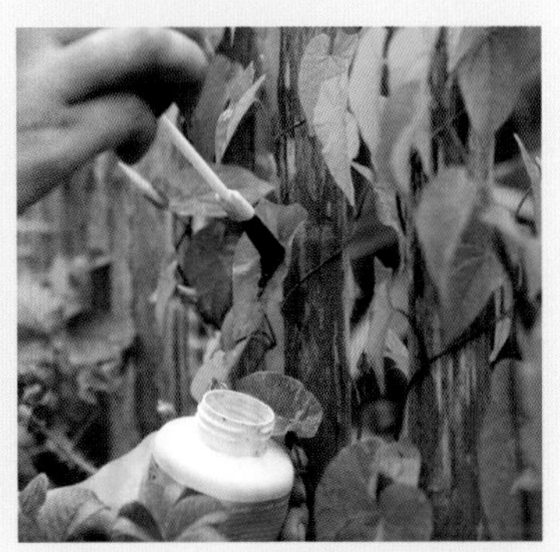

除草剂 有的除草剂是通过喷雾的方式发挥作用，有的则需要直接将水剂涂抹到叶片或茎干上，植物吸收除草剂后，即使是难以清除的多年生野草的根系也会彻底死亡。

有机种植

有机种植的核心理念是为植物创造一个适合其生长的良好环境，使植物保持强健的长势，增加植物抗病虫害的能力以抵御各种外来威胁。即使植物出现了问题，也有许多有机、生态的方法可以代替喷洒杀虫剂等来帮助植物恢复健康。

自然生长

为家人提供新鲜、有机的蔬果也许是多数人在花园尝试有机种植的最大动力。也有许多园丁担忧化学药品会对儿童和园子里的昆虫、野生生物以及自然环境造成不良影响，所以即使是栽培观赏植物，他们也乐于尝试有机种植。

有机园艺鼓励园丁去充分了解当地的原生品种以及最适宜它们自然生长的方式。对非专业的园艺爱好者而言，了解这些知识也有助于逐渐减少在园子里使用杀虫剂。

将观赏植物与可食用植物混种在一个花器中能营造出果实丰富、色彩多样的混搭效果，还可以帮助可食用植物抵御虫害。

保持花园生态的健康平衡

成功的有机园艺取决于一种健康的生态平衡。植物在经过有机物质改良的土壤中茁壮成长，害虫的数量与类型都受到有益生物的抑制。这一目标的实现无法一蹴而就，园丁需要保持良好的心态，因为相对于喷洒杀虫剂所取得的立竿见影的效果，建立花园健康的生态平衡确实要耗费更长的时间。即便这种生态平衡被成功地建立起来，园丁也需要忍受一定程度的病虫害，即使有时病虫害会严重一些也不必担心，最终它们还是会被抑制住。无论最终你是否选择有机种植，接下来的一些内容也许会给你带来一些启发与收获。

照料土地而非植物

每年向土壤中添加大量的有机物，可以改良土壤，也是确保植物健康生长的最有效方式。有机物能改良土壤结构，改善土壤的保水、蓄肥能力，还能缓慢地释放出有益植物根系发育的物质。因此，在种植过程中，应该将照料弄土壤放在核心位置。

经过充分发酵的花园堆肥和厩肥是建立新花床时混入种植土里的最好选择，也可以直接将它们覆盖在现有植

种植能够吸引益虫的植物

许多有益昆虫通过帮助植物授粉，以害虫为食等方式“协助”园丁管理花园。为了吸引这些益虫，要多种植花蜜丰富、通过昆虫授粉才能开花的植物。在益虫的帮助下，这类植物几乎可以全年开花不断。

盛花期的乔木与灌木是有益昆虫良好的食物来源。避免种植一年两季花的品种，因为它们通常不生产花蜜。

天人菊属植物 天人菊属的许多品种都是昆虫特别喜欢的植物，因为它们的花朵大而平，非常有利于昆虫停留。此外，其数量繁多的管状小花富含花蜜，能让昆虫饱食一顿。

株的周围（注意不要与茎直接接触）。其实，有一些坚持有机种植的园丁提倡一种“免耕作”的种植方式：将有机堆肥覆盖在种植土表面，剩下的工作就交给蚯蚓了，它们会将有机堆肥与种植土充分混合在一起。在这些园丁看来，铁锨在花园里倒真成为了一种装饰品。

平时整理花园时产生的枯枝烂叶，还有厨余垃圾都是制作有机堆肥的原材料。将它们堆放在一起，上面铺上覆盖物，几个月后疏松、肥沃的有机堆肥就产生了。

四季花开不断的花园能吸引大量昆虫帮助花朵授粉，对于果树而言尤其重要。

吸引有益的野生小动物

提供适宜的食物和遮风挡雨的场所可以将有益花园健康的野生小动物吸引过来。各种鸟类、刺猬、瓢虫和青蛙都会对你的友善做出它们的回报——帮助你消灭为非作歹的害虫。一旦在花园发现了害虫的聚集区，它们就会频繁光顾，有时候为了充分利用那里的食物优势，它们会直接在附近繁衍生息。通过这种生态方式，园子里的害虫数量会受到抑制。

虽然清扫花园里的枯枝烂叶有助于保持庭院整洁，使植物不易染病，但也不要彻底清除，要有意识地将一些落叶、树枝集中堆放在某个角落，为那些对花园健康做出贡献的小动物们在冬季提供一个温暖的住所。

即使是一小汪水也会吸引青蛙、蟾蜍、各种鸟类等。在花园里多种植一些花蜜丰富的一年生开花植物，就能够更好地将这些消灭害虫的小帮手吸引到你

毛地黄　这类植物花期很长，有助于吸引昆虫的到来。虽然并不是所有昆虫都能够进入它的管状花朵吸食花蜜，但蜜蜂这类的昆虫能够方便地进出。

沼花科植物　沼花科的“荷包蛋花”开出的花朵内黄外白，就像荷包蛋一样。昆虫非常喜欢这一品种，因为它们可以不费力地在花间跳跃。

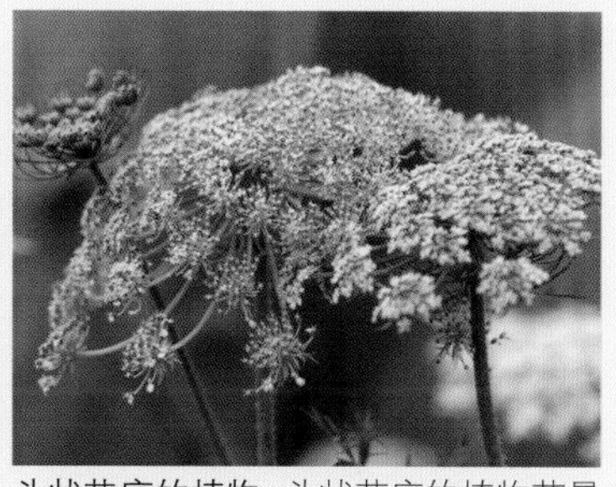

头状花序的植物　头状花序的植物花量繁多，其扁平的花序使昆虫无需费劲就可以在花间移动，十分吸引昆虫。

的花园里。

预防病虫害的发生

预防永远比事后补救重要。坚持有机种植的园丁有许多方法可以让病虫害远离花园。可食用的植物最容易受到病虫害的侵害，而一些观赏植物反倒可以为抵御病虫害发挥独特的作用。

通过轮作的方式预防病虫害发生是一个古老的而有效的方法。将萝卜、土豆等主要食用根茎的植物每年都集中种在某个区域，第二年若再种植此类植物就要挪到别的地块。若是花园里种植可食用植物品种较多，那么至少要经过几年时间某一种植物才能重新种在首次种植的地方。轮作的时间间隔必须远远大于这种植物的害虫和病菌在土地里能存活的时间。轮作的基本原则同样适用于观赏植物。

设置障碍物也是阻止害虫接近植物的有效方式。有针对性地设置陷阱、覆盖园艺地膜和各种不同规格的网都能够有效隔绝小昆虫、蝴蝶以及鸟类对植物的侵害。例如，要想阻止飞行高度较低的昆虫对胡萝卜的侵蚀，只要在胡萝卜地块周围拉起60厘米高的拦阻网就行了。若要保护甘蓝等十字花科的蔬菜，就用项圈片将整株植物围起来，使害虫就无法在植物周围的土壤里产卵。蛞蝓和蜗牛也是讨厌的害虫，要想办法阻止它们接近植物，钟形玻璃罩、蛋壳、铜片和松针都能起到阻隔作用。

废弃的塑料瓶可以改造为植物的保护罩。将它们从中间剪断，套在幼苗上不仅能隔绝蛞蝓和蜗牛的侵扰，还有利于给幼苗浇水。

害虫经常是被它的宿主植物的气味吸引过来的，在易受害虫的植物周围栽种芳香植物能够混淆害虫对方位的判断。万寿菊就是理想的“伴侣植物”。在蔬菜地里混种万寿菊，能够有效抵御害虫侵扰。

战胜病虫害

如果上述方法都没能奏效，还有一些有机的方法可以帮助你与病虫害作斗争。制造陷阱是常用的抑制病虫害方式。例如，将啤酒瓶埋到土里能吸引蛞蝓和蜗牛，一旦落入瓶中，它们很难再爬出来；将啤酒瓶挂在树上，能起到吸引大黄蜂的作用；在温室中悬挂黄色的黏板，能吸引许多飞虫，一旦碰到黏板，

如何驱鸟

虽然鸟能吃掉害虫，但也会破坏植物。每个花园都有独具特色的驱鸟方式。例如，把废弃的CD碟片或是闪光的小玩意悬挂起来，还可以挂一个仿真鸟，让其他鸟类误以为这块区域已经被“占领了”。

CD碟片

仿真鸟

闪光的小玩意

通过简单的操作就能将花园中的废弃物和厨余垃圾转化为肥沃的**花园有机堆肥**。

它们就再也飞不起来了。也可以在黏板上喷洒信息素，能将许多以果树为侵害对象的害虫吸引过来，阻止它们进行交配，从而实现抑制害虫数量的目的。

通过生物控制的方式，能有效抑制螨虫、线虫、大黄蜂等常见害虫的数量。上述方法如果使用得当，效果会相当明显。但生物控制方式有一个前提——害虫必须自己现身并被吸引过来，才能实现有效抑制的目的。所以，生物控制的方式在气候温暖，尤其是温室中发挥的作用最明显。

还有一些自然化学的方式可以用来杀灭害虫。例如可以利用杀虫皂和植物萃取剂（如除虫菌提取物）来控制害虫。但采用这种方法的最大弊端在于在杀灭害虫的同时，许多益虫也被误伤了。

利用有机方式抵御病虫害。上图中的稻草人，纤弱、易于摇曳的植物以及混种在蔬菜中色彩斑斓的观赏植物都能发挥抵御病虫害的作用。

花园里的朋友与敌人

也许你很难相信，出现在花园里的昆虫并非都是为了危害植物而来的。事实上，有许多昆虫是为了捕食蚜虫、红蜘蛛等来到园子里的，有的还能帮助花卉授粉，消灭地下害虫，促进有机堆肥与土壤的充分混合以及腐烂物质的分解，这类昆虫称为益虫。学习识别这些花园里的朋友并保护它们，对维护花园的生态健康十分重要。

保持生态平衡

园艺工作其实是一项耗时耗力的工作。许多园丁一旦发现花园里出现了虫害，第一反应要么是直接清除虫子，要么求助于杀虫剂。但是，与人类一样，虫子们只是想寻找一处有吃有喝的场所。害虫也许不少，但以这些花园破坏者为食的益虫肯定也不少，它们之间是互相依存的关系，任何一方都无法独自生存。

如果缺乏稳定的食物来源，花园的小帮手就会搬到其他地方居住。花园需要保持稳定的生态平衡，益虫能够将害虫的数量保持在一个可控水平，有机种植者认为以这种方式管理花园符合自然法则。如果贸然使用杀虫剂，这种生态平衡就会被迅速打破。化学药品的除虫效率虽然很高，但也会误伤一些益虫。即便没有被误伤益虫也会因为食物短缺而陆续离开。

其实植物本身就有某种防御机制，只要长势良好，它们无需特殊照顾，也能抵御病虫害。

好甲虫与坏甲虫 许多类型的甲虫是花园问题的制造者，左图中的红色百合甲虫就是一个典型。仔细辨别害虫益虫很重要，因为很多甲虫在花园中担任着重要角色。

确定敌人

发现植物受害虫危害的痕迹远比发现害虫容易。成年害虫及其幼虫一般不会轻易离开侵蚀的植株，它们会一直呆在那里觅食，直至植株彻底失去活力。蛞蝓与蜗牛的行踪更加诡异，只有在潮湿的天气才能发现它们。但如果在夜间借助灯光，捕捉它们也不是什么难事。

许多害虫的幼虫都在土壤中生活，只有植株严重发病或是翻耕土地时才能看到它们。野兔这类哺乳动物经常会损毁植物，但要想逮住它们却十分困难。很多时候，只能根据植物上的咬痕和它们留下的粪便、脚印来推断在花园里搞破坏的元凶。

坏家伙

有一些害虫是花园常客，每年都会出现。它们以植物为食，给园丁造成了许多烦恼。园丁应该能迅速识别这些昆虫，并有针对性地采取措施。

蛞蝓与蜗牛

叶蜂幼虫

毛 虫

脱落或腐烂的水果可以引诱昆虫。将这些水果悬挂在阴蔽的角落，供花园益虫食用。

寻找朋友

鸟类是花园里最重要的有益朋友，应该吸引它们到园子里帮助消灭蛞蝓、蜗牛、红蜘蛛等害虫。青蛙、蟾蜍、蝾螈、刺猬和蝙蝠也主要以害虫为食物，花园里也应该有它们的位置。

益虫是园丁的好帮手。瓢虫与草蜻蛉是消灭蚜虫的能手，食蚜蝇的幼虫和蜈蚣也是专门以花园害虫为食的昆虫。黄蜂等昆虫能够帮助可食用植物与观赏植物授粉，确保可食用植物结出果实，观赏植物开出花朵。此外，甲虫和蚯蚓以及许多微小的微生物是改良土壤结构的好帮手。

好帮手

花园里有益生物种类繁多，大小各异。它们能够帮助园丁控制花园里的害虫数量，还能帮助植物授粉。

蜂　蜜蜂、黄蜂等昆虫对于花卉的授粉十分重要。种植花蜜丰沛的开花植物能够吸引它们的到来。

瓢虫　成年瓢虫和它们的幼虫对蚜虫的捕食可以用“贪婪”形容。常绿灌木与落叶堆能帮助它们安全过冬。

青蛙与蟾蜍　这两种生物都以蜗牛为食。在园子里造一处水景就能吸引它们到来。

草蜻蛉　这种纤弱的昆虫以花粉和花蜜为食，它们还能大量捕食蚜虫和一些其他小昆虫。

画眉鸟　拥有清亮嗓音的美丽花园精灵。它们能啄破蜗牛的硬壳，消灭这种难缠的害虫。

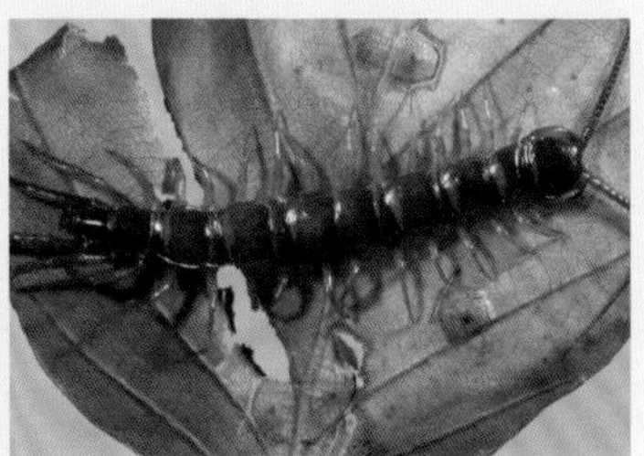

蜈蚣　古铜色的表皮，移动迅速，主要在落叶堆里生活，能捕食小型的地下害虫。

什么是野草

简单来说，野草就是在不适当的地点生长的草本植物。它们可能是由随风而至的种子萌发出来的，也有可能是某些生长过于迅速或繁殖能力过强，具有一定侵略性的栽培植物。与野草打交道是每一个园丁都无法避免的工作。了解野草的种类和生长习性有助于更好地控制它们，能极大地减轻工作量。

控制野草

有人会问："为什么要在意野草呢？让它们长去吧。不是说越接近自然的花园，越能吸引有益生物吗？何必费时费力去管它们。"问题在于，大多数被我们称为"野草"的植物习性强健、长势迅猛，在草坪或是野生花园中确实会有较好的表现。但是，在面积有限的私人庭院中，情况往往就这么简单。

大多数观赏植物、蔬菜、水果等在种植初期或幼苗期无法与野草竞争，水分、光线、养料都会被抢走。如果不进行人工干涉，花卉、蔬果的成长将受到严重影响，甚至会死亡。野草不仅为许多害虫提供了庇护所，还容易诱发疾病。因此，为了降低植物受到病虫害危害的风险，定期清理野草十分必要的。

人工清理

一般认为挖掘是清除野草的主要方式，但这种方式费时费力，除非是为了翻耕土地或是清除根系生长较深的野草，否则一般不需要这么做。

常见的花园野草

了解野草的生长习性和蔓延方式是成功对付它们的关键。野草一般分为两类：一年生与多年生。一年生的野草可以在数周内完成从发芽到结出成百上千粒种子的全过程，之后它们就会像野火那样蔓延开。幸运的是，只要在种子成熟前把植株挖出或者翻到土面上，就可以控制它们的长势。多年生野草大多长有肉质根，有的根会向土壤深处延伸，有的则会贴着土面不断扩张。多年生野草在幼苗期并不难清除，可一旦长成成年植株，它们的根系很容易被扯断，必须使用工具将土壤中的全部根系都挖出来才能杜绝它们再次萌发、生长的可能。

蒲公英 种子随风飘散。清除时必须将土壤深处的主根拔出，否则很容易再次萌发。

野滥缕菊 生长迅速的一年生植物，黄色的头状花序里隐藏了成百上千粒带绒毛的种子。

田蓟 丛生的多年生植物，根系扩展迅速，紫色的花序中隐藏了大量随风飘散的种子。

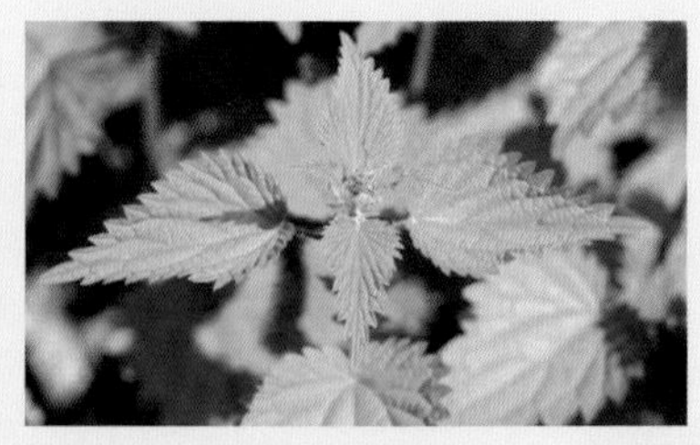

荨麻 以种子传播繁殖的小型一年生植物，肉质根系蔓延速度很快。

避免麻烦

要想提高除草的工作效率，就不要使用深挖翻土的方式。大部分的园土中都有野草种子，但它们只有位于土壤表层时才具备发芽条件。深挖土壤只会将深层的种子带到表层，促使其萌发。锄头是很好的除草工具。还可以使用覆盖物阻止野草蔓延，碎树皮、园艺地膜等都是很好的材料。

锄头是最好的除草工具，最好选择炎热、干燥的天气把野草的根系翻出来，这些顽固的家伙就会很快萎蔫，死亡。你甚至不需要清理它们，其他地被植物会迅速地盖住它们，而且这些自然腐化的枯草还是很好的肥料。如果想保持草坪整洁，定期除草是唯一且效率最高的方式。

使用除草剂

喷洒专门的除草剂能迅速让园子里的道路恢复整洁，但一定要慎重选择药剂的种类，并且避免将药剂喷洒到其他植物上。

许多野草本身也是观赏植物，对野生动物也很有价值。田蓟和苜蓿的花朵就非常适合以采集花粉为生的昆虫吸食。

毛茛科植物　这种多年生的植物扩展速度惊人，但属于浅根系植物，并不难清除。

草地早熟禾　丛生，羽状花序，如果不及时清除会在花园里迅速蔓延。

旋花科植物　牵牛花为旋花科植物，会缠绕在其他植物的茎叶上。必须将其多年生的根系彻底挖出，否则极易萌发。

碎米荠　一年生的莲座状植物。白色的花中生长有种荚，外力碰撞时，种荚破裂，种子随风传播。

酸模（北欧阔叶野草）　叶片宽大，花序也很高，有多年生的直根，很难彻底清除。

狗舌草　狗舌草带绒毛的叶片和夏末开放的黄色花朵，对家畜毒性很大，必须及时清理。

别杞人忧天!

当你刚开始在花园里寻找病虫害的迹象时，很可能将所有斑点、痕迹、落叶、变形的植物甚至匍匐茎都当作非正常现象。但是情况肯定不会这么糟糕的，你看到的也许只是植物生长过程中正常的新陈代谢或生命周期的循环现象，而且病虫害对于健康植物的危害也十分有限。换个角度想，即使出现了轻微的病虫害，这不也正是多彩花园生活的一部分吗?

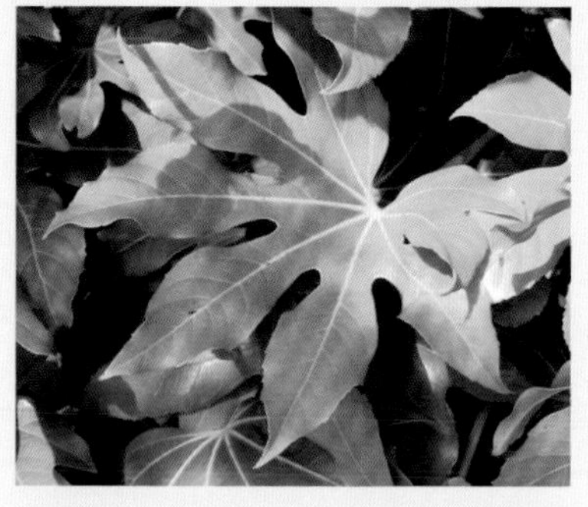

叶片发黄　常绿灌木的老叶经常在春夏季褪色、发黄并脱落。别担心，这是正常现象，新叶正在生长呢。

保持冷静

当你觉得似乎发现了某种病虫害迹象时，务必保持冷静。首先要确定是否真的出现了问题，然后再对症施治。很重要的一个步骤是观察植株的整体状态和长势。如果并没有什么异常，那么你看到的很可能只是正常的落叶，或是对植物并无伤害的昆虫留下的痕迹。

不要"张冠李戴"

一种昆虫(即便是害虫)的到来往往并不孤立，它一定会吸引其他昆虫来光顾你的花园。没有一个花园是只有害虫光顾，而益虫渺无踪影的。你所观察到的蛛丝马迹，也许正是采食花蜜、花粉的蜜蜂留下的，也可能是以害虫为食的益虫在捕食过程中留下的。不要不假思索地清除一切昆虫，有时你的鲁莽行为恰恰会为花园带来不必要的麻烦。

完美的果实并不存在

在花园里种植果蔬时，一定要容忍果蔬上面留下某些啃食的痕迹。光鲜亮丽、几乎完美无暇的蔬果只存在于超市里。外表的斑痕很少会真正影响蔬果的品质，即便真的有所影响，使用时切除那一小部分就可以了。与其对果蔬上微不足道的痕迹耿耿于怀，不如放宽心胸好好享受自己的劳动成果呢?

蔷薇科植物的卷叶现象　轻微的卷叶对蔷薇科植物不会造成太大影响，这是叶蜂、毛毛虫之类的昆虫造成的。只要整株植物长势不受影响，就不必过于担心。

别忘了享受你的悠闲时光

也许之前探讨的问题会让你在园子里好好地忙上一阵子，但千万别忘了辛勤耕作后的户外悠闲时光。别为无伤大雅的病虫害劳心劳力了，你大可靠在躺椅上，把收拾害虫的工作放心大胆地交给你的花园伙伴——益虫吧。

蚂蚁　经常可以看见蚂蚁在花朵及叶片上收集蜜露。它们一般不会伤害植物。

杜鹃上的泡沫 初夏，杜鹃花的枝杈处经常能发现沫蝉（鸲涎虫）留下的泡沫状水滴。它们对植物几乎没有伤害，不用太在意。

盾椿象 尽管这些奇特的昆虫一般体型较大，而且以吸食植物汁液为生，但它们并不会对植物造成严重损害。

落果 进入秋季前，像苹果、梨这样的果树都会将腐烂、发育不良、早熟或受到病虫害侵害的果实自动脱落，这是正常的生长现象。

苔藓 植物的茎、枝干处有时会长出苔藓，它们对植物完全无害。而且，出现苔藓就说明你花园的空气质量相当不错。

扁化的花朵 如果幼苗的某处受到外力损伤，就会在该处（一般是茎部）长出奇怪的簇生或扁平状花朵。虽然看起来很奇怪，但对植物是无害的。

授粉的甲虫 这些小甲虫以花粉为食，它们对植物完全无害。只是在你制作切花时，它们可能会制造点麻烦。

西红柿上的斑点 受到某些真菌感染时，西红柿的表皮会出现斑点，但对果实的品质与口感没有任何影响。

瓢虫的幼虫 虽然看起来很不舒服，但瓢虫的幼虫是园丁的重要帮手，它们可以大量捕食蚜虫。

颗粒状缓释肥 这些小小的颗粒状物体经常会被误认为虫卵，实际上是颗粒状的缓释肥。

美食花园

亲手种植的新鲜蔬果是对园丁辛勤劳动的最好回报，但是美味的蔬果对于害虫来说也是难以抗拒的诱惑。因此，仅凭运气是无法收获丰盛的果实的，良好的土壤条件、恰当的种植时机以及精心的栽培都是丰收必不可少的条件。

这部分内容将告诉你如何正确栽种蔬果，如何避免栽培过程中遇到的不必要的麻烦，还以大量的图片展示同一类植物的主要特点、生长习性以及培养要点，并附有问答形式的栽培流程图，介绍蔬菜和果树常见的病虫害及防治的方法，帮你更好地在花园里种植蔬果，收获美味。

急救

蔬菜

卷心菜的叶片上为什么会出现虫洞？洋葱鳞茎为什么会腐烂？红花菜豆为什么结不出豆荚？找出导致上述问题出现的原因，是进行防治的第一步，也是最重要的一步。挂果植物、块根植物和叶菜都容易受不同类型的病虫害危害。种植条件不佳也会导致植物生长出现问题。接下来，将分门别类地介绍不同植物易感染的病虫害，相信会对你及时辨别与防治病虫害有所帮助。

如何种植蔬菜

大部分蔬菜都是生长迅速的一年生植物，生长数月就可食用。自己播种培育蔬菜幼苗既节约了成本又能享受园艺工作的快乐，但前提是你必须了解在何处、于何时以及如何播种。如果时间和空间有限，直接购买菜苗进行移栽就较为便捷。健康的种子和幼苗是栽培出充满活力的美味蔬菜的关键。

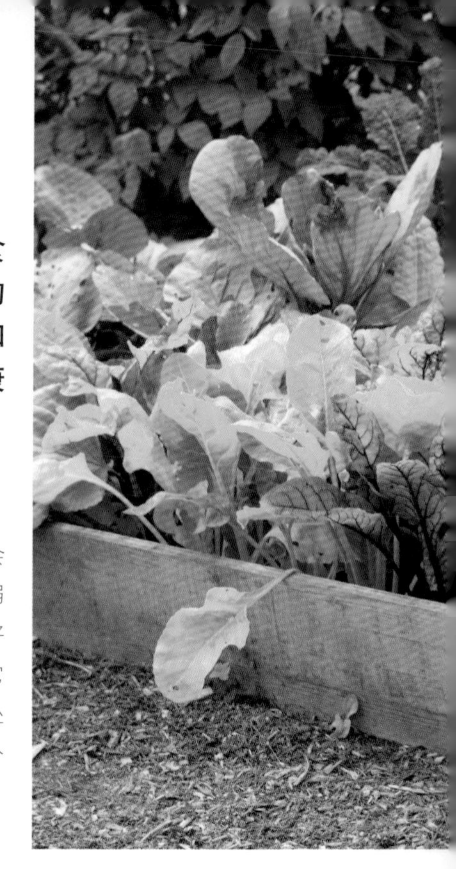

选择正确的栽培地点

在全日照、无强风、排水良好且疏松肥沃的土壤中种植蔬菜，才能获得丰厚的收获。在树篱或是大树旁栽种蔬菜则无法获得理想的收获，因为它们不仅会遮挡阳光，还会使雨水无法浇灌到菜地，蔬菜的根系就无法获得充足的水分。在建筑物旁种植蔬菜也要考虑同样的问题。

一定要尽可能选择最佳地点种植蔬菜。土壤排水性要好，雨后不能积水，也不能过于沙化使水分流失过快。如果积水严重可以修建专门的排水沟，但最好的方法是向土壤中掺入有机堆肥和粗砂砾，这样不仅可以增加土壤肥力，还能提高排水性能。修建抬高的苗床也是一个办法。

强风不仅不利于蔬菜生长，还会影响昆虫授粉，所以需要设置一些减弱风势的屏障。树篱和园艺布都是很好的遮风屏障，相较于固定的挡风墙，它们的效果更好。因为在挡风墙的下风处容易产生紊乱的气流，对蔬菜生长十分不利。

室内播种与露天播种

最简单的播种方式就是在户外直接将种子撒在土壤中。种子发芽后根系能够有充足的生长空间，直至植株生长成熟。这种播种方式适用于许多蔬菜，如各种绿叶菜，而且也不需要额外的照料，因为雨水会使土壤保持湿润。但是难以避免的恶劣天气不仅会影响种子发芽，还会使幼苗受损，使它们容易受

病虫害危害。

可以在温室、大棚或者朝南的窗台进行室内播种。这种播种方式尤其有利于西红柿、胡椒等植物，它们的种子只有在温暖环境中才能发芽。萌发的种子在早春长成幼苗后，就可以在天气暖和后移栽到户外栽植。

相较于露天播种生长的植物，在室内播种、萌发的植物往往较少受到病虫害侵扰。但是室内播种育苗需要额外的设备与时间，会增加园丁的成本与劳动时间。

改良土壤

一旦选定了栽培地点，就要进行土壤改良等准备工作。秋季向土壤里混

避免麻烦

节约种子 在天气未彻底变暖之前，撒播再多的种子，它们也不会发芽。新手园丁往往容易犯这个错误，他们总是想尽快地开始一年的园艺工作。四季豆、小胡瓜等喜欢温暖环境的植物，无法忍受霜冻，在寒冷气候下无法生存。

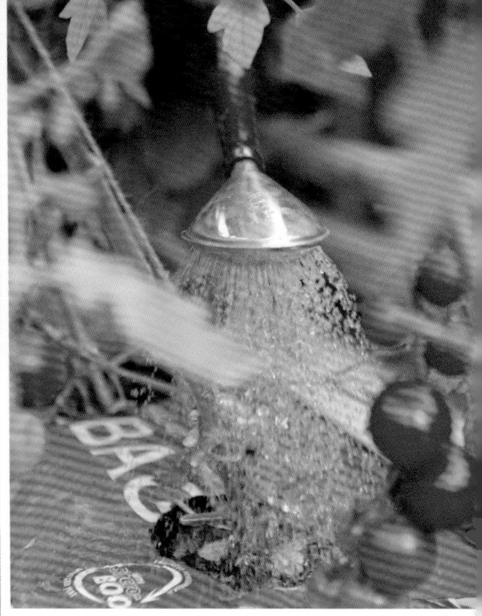

（上图）**种植箱**　如果空间有限，使用种植箱是一个好方法。将种植箱放在光照条件好的地方，可以充当临时苗圃，许多植物都能在种植箱中健康成长。

（左图）**垫高的苗床**　如果花园的土层太薄或是过于贫瘠，建一个垫高的苗床就能为植物创造生长所需的一切条件。

入大量的有机肥如花园堆肥等，不仅能改善土壤结构还能增加土壤肥力。在正式种植前添加腐熟的厩肥也是一种好方法，但种植主要以根茎为食用部位的蔬菜时不要施用厩肥，那样容易污染果实。

如果想在偏酸性的土壤中种植绿叶菜，可以在秋季添加生石灰，改良土壤的酸碱性，也可降低蔬菜患根瘤病的几率（见182页）。需要注意的是，在撒生石灰的时候不要同时施有机堆肥或厩肥。

在播种或移栽幼苗前，要彻底清除土壤中的野草和石块。用耙子仔细地将苗床表面的土壤推平，将所有的土块都敲碎。如果播撒的种子特别细小，平整土地时还要将细土铺在最上面，以利于种子萌发、生根。精耕细作总是会获得最好的回报。

何时播种或移栽

不同蔬菜的播种或移栽时间也各不相同，但是大部分的蔬菜都可以户外播种。当春季来临，土壤变得温暖、湿润后，就可以播种了。具体的播种时间要根据当地的气候条件确定，有时候还需要查阅当地过去数年的气象资料。还有一个便捷的判断方式：当户外的野草开始发芽并快速生长时，忙碌而充实的花园生活可以正式开始了。播种应分几批进行，每两次播种间隔一周左右的时间，以防“倒春寒”影响出芽率。每个播种批次都要做好记录，秋季收获时对比一下不同批次的产量，就能确定第二年最适宜的播种时间。

蚕豆和大蒜这类蔬菜习性强健，适宜在秋天或晚冬时播种，在寒冷的季节，它们的根系反而能够茁壮成长。到了晚春和夏季，就可以收获果实了。如果使用园艺专用的钟形玻璃罩或是采用地膜覆盖对土壤进行保温，那就可以在早春提前1~2周进行户外播种。晚秋成熟的植物，夜间需要进行适当保护，以防温度过低影响产量。

挑选种植品种

蔬菜品种繁多，根据当地的气候条件、花园的土质选择栽培品种是获得好收成的前提。此外，花园的面积大小以及你能抽出多少时间投入到日常养护工作中都是应该一并考虑的事情。当然了，一定别忘了要种你喜欢吃的蔬菜。

小胡瓜、南瓜这一类喜光植物如果在户外种植，只有在夏季温度较高、光照充足的地区才能长势繁茂，果实才能较快成熟。而一些绿叶菜，例如莴苣或生菜，只有在高温、干燥的气候条件下才能茁壮成长。栽培的过程其实也是一个品种改良的过程，许多园丁通过不懈努力培育出适宜在不同气候条件下种植的品种，例如矮生型扁豆就特别适宜在多风地区种植，而生长期短的樱桃番茄尤其适合在冷凉地区种植。所以，一定要选择那些适宜花园自然条件的品种来种植。许多蔬菜是“免维护”品种，无需多费心照料即可获得不错的收获，但像绿叶菜类、胡萝卜等尤其容易受病虫害危害的植物，就需要精心的日常养护。如果你的时间有限，那么种植习性强健、不易受病虫害危害且无需投入过多的精力去养护的品种。

如何播种

无论是室外播种还是室内播种，确保土壤或播种介质的适宜湿度十分重要。播种密度要小一点，覆土深度要根据品种不同而灵活对待。户外播种时，首先是选择一块没有任何植物的宽敞地块，轻轻耙平土壤，打碎大土块，然后用耙子清除大石块、杂草和其他杂物，把土壤整细整平，然后用竹竿或者长木条划出条播沟（或浅的洞，用来播种）。设置条播沟有助于识别幼苗与杂草，因为杂草不会直线生长。条播沟的深度取决于种子的类型和大小，一般为1～5厘米。播种之前用花洒彻底浇湿土壤，将种子放在手中，当手沿着条播沟移动时，将种子轻轻地从掌缝中撒下去，种子不要播得太密。较大的种子可以用指尖捏撒。有些园丁还喜欢采用“定点播种”的方式，即选择几处地点集中撒播种子，播种坑之间保持足够的距离，供植物生长。这种播种方式比较适宜较大型的蔬果，例如花茎甘蓝等。播种完毕后，轻轻覆盖细土，再次用花洒浇透水，保持苗床湿润，清除所有杂草。

在花盆、育苗袋或者育苗盘中播种时，要选择质量好的介质或者专用的育

按需播种

西红柿、辣椒等这类丰产的植物无须大量种植就能获得足够全家食用的果实。与其将时间浪费在大量的播种与间苗工作上，不如准确计算一下你究竟需要多少这类果实，然后按需播种。在独立的小花盆里播种育苗，条件成熟时再进行移植。

1 **使用较小的花器** 用普通壤土或专用育苗土填满小花器，深度为5厘米左右。充分润湿，直到介质能轻松握成团而不滴水。

2 **播种** 用手指在土面按一个浅坑，撒播1~2粒种子后覆土，将花器放到向阳的窗台或者恒温恒湿的种子罐中。

3 **生长** 种子发芽后，拔除弱苗，每个花器中仅保留1棵强壮的幼苗。根据幼苗生长阶段的不同，及时更换花器，直到幼苗可以移植到户外种植。

苗土。将容器（花盆、育苗盘）用播种介质填满，轻轻地压紧，然后采用浇水或浸盆的方式将介质彻底润湿。随后，将种子轻轻地放置在土壤表面，根据种植要求进行覆土。一般覆土厚度为种子直径的2倍，特别细小的种子无需覆土，如矮牵牛、半边莲等。最后，用喷壶将表层覆土喷湿，浇水时应十分注意，避免将表层土冲开，露出种子。有些种子的发芽过程必须在无光照条件下进行，那就需要遮光处理。操作完毕后，在播种容器上部覆盖塑料罩等透明的覆盖物，营造恒温、恒湿的小环境。

户外移植　在室内栽培的幼苗一旦足够强壮就可以移植到户外种植。移植时使用园艺绳作为标尺，在同一条线上移植幼苗。这样便于计算株距与行距，能为植株提供充足的成长空间。

苗期的管理

直接播种在户外土壤中的种子一旦发芽后，除了定期除草之外，几乎就不需要额外照顾了。天气晴朗的时候，用锄头可以很快地把畦田上的杂草除掉。此外，还需要注意对喜欢危害幼苗的蛞蝓、蜗牛等害虫多加防范。只有天气十分炎热干燥的时候才需要浇水。

如果是室内播种，那么苗期的管理就尤为重要。种子一旦发芽，就要迅速去除播种容器上的覆盖物，使空气能够自由流通，以防幼苗徒长倒伏或受到真菌感染的威胁。幼苗的生长需要光照，但切忌暴晒。每天都要变换幼苗的朝阳面，防止植物的生长出现“一边倒”的现象。幼苗期一定要保持中播种介质的湿润，切忌干旱。推荐使用喷壶或者“浸盆法”补水，但也要防止水分过多，出现积水。

间苗与移植

幼苗需要足够的空间来伸展根系和枝叶。如果播种密度过大，条播沟或育苗盘中的幼苗很快就会因生长空间过小，植株过密而长势不佳，此时就需要进行间苗。一般在幼苗长出第一对真叶的时候就要进行间苗。

间苗　间苗的目的在于移除瘦弱的植株为强壮的植株提供充足的生长空间与养分。在蔬菜的各个生长阶段都需要根据实际情况进行间苗，原则是一定要确保植株长大后根系与叶片都有充分的生长空间，而无需与邻近的植物竞争养分。

间苗时避免对邻近植株造成损伤是间苗的重点与难点。一般在土壤湿润的时候间苗，而且移除幼苗时从土壤表层拔除即可，不要深挖根系以防邻近植物根系受损。

移植　在育苗袋、育苗盘或小花盆里生长的幼苗经过一段时间的生长，需要移植到较大的容器中。移植前先准备好新容器，浇湿土壤。使用专门的移植工具将幼苗挖出，切记在移动幼苗时应该握着叶子而不是茎或根。在新的种植容器中根据移植幼苗根系的生长情况和植株高度，挖一个坑，保证移植后幼苗的根系一定要低于土面。将幼苗放入洞中后，覆土压实，再浇一次水即可。

避免麻烦

控制虫害　幼苗容易感染虫害，需要尽早采取预防措施。物理隔绝有效而环保，可以替代化学药剂。使用地膜覆盖或是防虫网都能达到预防害虫的效果。特制的笼子能够阻止蝴蝶和鸽子接近植物幼苗。铁丝网则能防止野猫和狐狸在植株附近挖洞。

耐寒训练

在室内播种、发芽、生长的幼苗已经适应了温暖、湿润的生长条件，移植到户外时应循序渐进，先进行一段时间的炼苗期。在幼苗能够适应冷凉、潮湿甚至是多风气候之后再进行移植。一般情况下，移植前的耐寒训练应该至少达到两周。一开始可以增加温室或室内的通风，随后每天将植物挪到户外的阳畦或者有苗床罩的地方待一段时间，并逐渐延长时间，直到幼苗能够适应户外夜间的低温后就可以将它们移植到户外地栽了。但是，有一些抗寒性较弱的品种在夜间仍需要覆膜等保护措施。从苗木市场购买的幼苗，也需要与上述过程类似的炼苗期：先将它们移植到较大的花器中，在遮阴、通风的环境中生长一两天后，再逐步一般的方式照料。

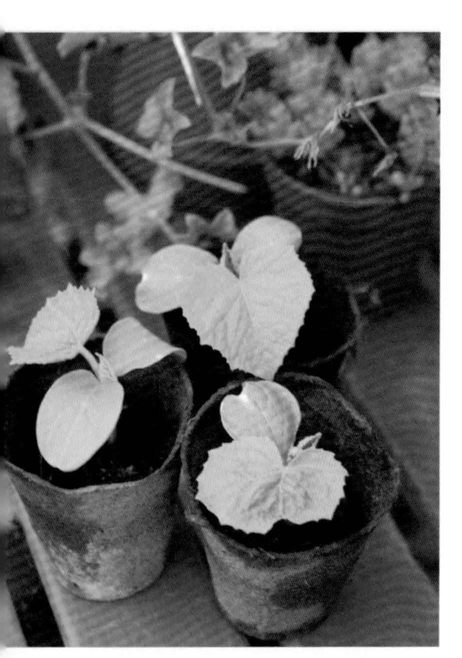

轻松定植 为了避免在移植时损伤幼苗根系，可以将幼苗种植在可降解材质的花器中。移植时连盆一起埋到土里就可以了。

如何移植

当蔬菜幼苗生长到适宜移植的时候，就要及时进行移植。不要推迟移植时间，只要幼苗的根系发育到能够将周围的土壤紧紧盘住，轻敲盆底就能方便地取出植株时，就可以开始移植。

移植前应确保种植地点能为植株提供足够的生长空间，根系和枝叶能够自由生长。如果植株栽培过密，它们不仅会互相争夺阳光、水分、养料，还会使除草工作变得困难重重，最终影响植株长势，使植物容易受病虫害侵害。有些植物种植时要求最小的株距与行距一般都会印在种子包装袋上。为了保证种植距离的准确性，使用软尺等工具十分必要。

移植前还要确保植物都已经能够适应户外的环境条件。将新容器的土壤充分润湿在新容器的土壤中挖一个种植坑，深度以能够使移植的植株根系低于土壤表面为宜。如果是移植西红柿或绿叶菜，可以适当加大种植坑的深度，这样能对植物起到一定的支撑作用。移植时，将植株倒过来，轻敲盆底的同时用手指轻轻取出幼苗，然后种到新的容器或地里，覆土压实后再浇一次水，浇水时应避免水势过大冲走植株根系周围的土壤，损伤根系。

需要注意的问题

几乎在所有的花园中，都存在着蛞蝓与蜗牛（见186页）危害植物的现象，尤其是在气候潮湿或刚刚浇过水的情况下；切根虫（见187页）在土壤中活动，从茎的内部啃食幼苗，使植株萎蔫；红蜘蛛（见185页）这类小型害虫会在绿叶菜的叶子上留下小小的圆形齿痕，水萝卜、芝麻菜等都是它们的侵害对象；豆籽蝇（见180页）侵害豆荚类植物易导致植株畸形；老鼠则喜欢啃食刚刚发芽的植物；鸽子（见181页）对植物的破坏速度更是快得惊人。

室内种植的幼苗受到虫害的侵扰相对较少，但有时也很难避免蜗牛和蛞蝓的攻击，老鼠也会想尽办法搞破坏。此外，在过于潮湿或通风不佳的环境中，蔬菜出现倒伏现象的几率很大。

避免麻烦

小胡瓜、西红柿这类喜欢温暖气候的植物一旦遇到霜冻灾害很可能会整株植株死亡。春季气候条件不稳定，尤其要注意对上述类型植物的保护。在能够正式移植到户外前，要及时更换进行假植的容器，给幼苗的根系提供充足的生长空间。

日常养护

在蔬菜的生长过程中，园丁需要进行一系列的养护工作，确保植株健康成长，直至成熟或挂果。

浇水 浇水量取决于当地的降雨量、土壤类型和具体的植物类型。不要让土壤彻底干旱，因为萎蔫的植物很容易感病，严重的会因缺水而死亡。刚移植的蔬菜、干旱环境中的蔬菜和大叶蔬菜需水量较大。果实较大以及根茎为食用部位的蔬菜需水量也较大。盆栽蔬菜，尤其是在大棚或温室中的盆栽蔬菜在夏季需要每天至少浇水一次。

施肥 种植在改良后的土壤中的蔬菜，能够从土壤中获得生长所需的几乎所有养分，无需额外施肥。化肥一定要科学合理地选用，如果使用不当效果会适得其反，影响蔬菜长势，导致蔬菜容易受到病虫害侵扰和霜冻伤害。在晚秋对越冬植物施一次秋肥，有利于这类植物在春季的开花。

盆栽的蔬菜需要定期施肥，因为容器中土壤容量有限，蕴含的养分很快就会被蔬菜耗尽。

除草 随时清除杂草并扔到堆肥箱中十分必要，因为杂草不仅会与蔬菜争夺水分、养料、光照与空间，还为害虫与各类疾病提供了孕育的温床。在清除蒲公英这类多年生野草时，务必要将其土壤中的根系清除干净。一年生的野草用小锄头从紧贴土壤的基部铲除即可。

最佳回报 日常养护对于保证植株健康成长并最终取得收获十分重要。在植株的每个生长阶段即使只花一点时间进行浇水、支撑、施肥等工作，它们都会在收获的季节给你意想不到的回报。

支撑物 给荚果类等些蔬菜提供适宜的支撑物有利于它们的生长，也使收获果实变得更加方便。支撑物不仅能帮助蔬菜抵御强风，还能避免蔬菜因挂果过多而折损。支撑物的另一个优点在于可以避免豆荚、瓜果类果实与土壤接触，减少了果实受到病虫害侵害的几率。

保持警惕 要对蔬菜的种植地点保持高度关注，以便在出现问题征兆时能及时处理，减少损害。早发现、早干预的成功几率也较高。要随时随地清除发现的蚜虫（见180页），剪除一切出现病兆的叶片、枝干甚至移除整株蔬菜。在温室中悬挂黄色的粘虫板可以杀死害虫。如果发现了不同寻常的迹象，就要持续观察，仔细检查是否感染病虫害。

避免麻烦

轮作 如果长期在同一区域种植同一类植物，就很容易滋生病虫害。为了避免这类问题的出现，同类植物应集中种植，而且不能连续两年在同一区域种植。例如，豌豆或豆角，十字花科的绿叶菜以及胡萝卜等以根系作为食用对象的植物可以组合成三年一轮回的轮作搭档。

了解蔬菜类型

一般根据食用器官（部位）的不同对蔬菜进行分类。按照这种标准分类有助于园丁掌握种植要领，因为每一类蔬菜适宜的生长条件都较为相似，容易受到病虫害侵害的途径、类型也类似。了解你种植的蔬菜类型有助于进行正确的日常养护，也有助于获得丰硕的收获。

根茎类

以根、茎为食用对象的植物，包括土豆、胡萝卜、甜菜等。根茎类蔬菜需要种植在疏松、排水良好且无碎石块的土壤中。

瓠果类

包括黄瓜、西葫芦等，适宜在高温地区生长，夏季到秋季都能收获果实。每年都要用种子繁殖，种植地点以向阳无遮挡为佳，在温室中栽培能缩短生长期，提前获得收获。

多食用部位的蔬菜

大部分蔬菜都是以植株的某一部位作为食用对象，要么是块根，要么是叶片，又或者是果实。但也有一些蔬菜可食用部位较多，例如豌豆多以食用豆荚为主，其实豌豆幼苗也很美味；甜菜除了根系，其嫩叶也可实用；西葫芦除了果实可食用外，其雄花是饺子馅的绝佳选择。

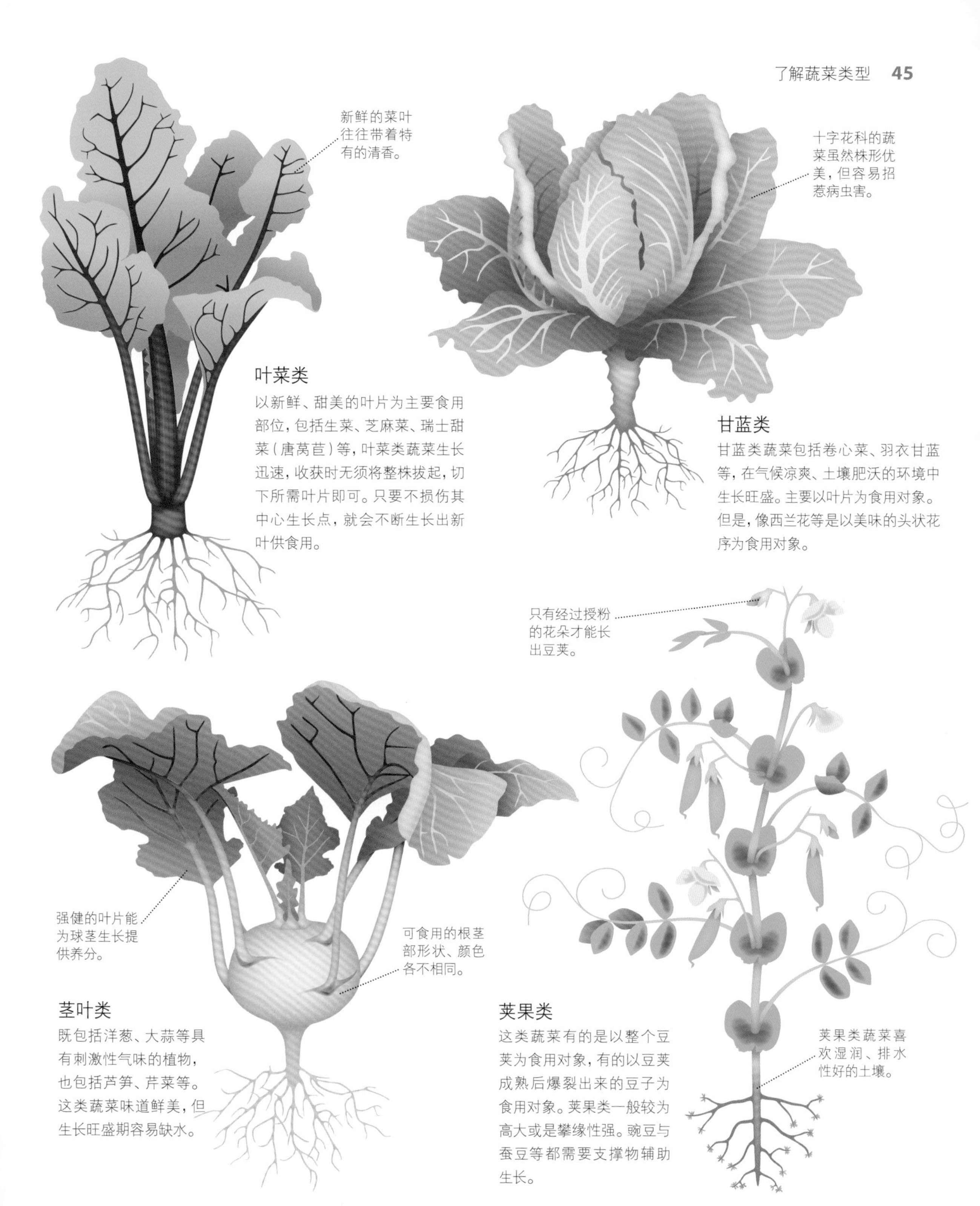

叶菜类

以新鲜、甜美的叶片为主要食用部位，包括生菜、芝麻菜、瑞士甜菜（唐莴苣）等，叶菜类蔬菜生长迅速，收获时无须将整株拔起，切下所需叶片即可。只要不损伤其中心生长点，就会不断生长出新叶供食用。

甘蓝类

甘蓝类蔬菜包括卷心菜、羽衣甘蓝等，在气候凉爽、土壤肥沃的环境中生长旺盛。主要以叶片为食用对象。但是，像西兰花等是以美味的头状花序为食用对象。

茎叶类

既包括洋葱、大蒜等具有刺激性气味的植物，也包括芦笋、芹菜等。这类蔬菜味道鲜美，但生长旺盛期容易缺水。

荚果类

这类蔬菜有的是以整个豆荚为食用对象，有的以豆荚成熟后爆裂出来的豆子为食用对象。荚果类一般较为高大或是攀缘性强。豌豆与蚕豆等都需要支撑物辅助生长。

果菜类蔬菜

果菜类蔬菜包括茄子、彩椒等茄果类、黄瓜、西葫芦等瓠果类以及豌豆、蚕豆等荚果类。果菜类蔬菜生长迅速，普遍喜欢高温环境，早春时就要进行室内播种育苗，待户外气候转暖后再将幼苗移植地栽。

茄果类

茄果类蔬菜的形态、大小各异，种植时需选择适宜你的花园环境条件的品种。单干型番茄长成后很高大；茄子和彩椒则是理想的庭院盆栽植物；辣椒和樱桃番茄即便在窗台上也能长势繁茂。

茎干支撑物

种植单干型番茄必须使用支撑物。彩椒、辣椒和茄子的果实较重，也需要对挂果的枝干进行支撑。

茄果类蔬菜

果实成熟后即可采摘。成熟后的果实颜色丰富，红、黄、橘……各不相同。茄子长到外皮富有光泽后就可以收获了。

西红柿

彩 椒

红辣椒

茄 子

瓠果类

瓠果类蔬菜的叶片较大，有的铺地丛生，有的是爬蔓型，有的则是灌木。瓠果类大多喜欢炎热的生长环境，在任何一个生长阶段如果遭受冻害，植株生长都会严重受损。定期浇水、施肥是瓠果类蔬菜快速生长的前提。

支撑

黄瓜、小胡瓜和小笋瓜需要支撑物辅助向上生长以节省空间，同时还可以使果实远离土壤，避免受病虫害危害。

及时采摘

小胡瓜与矮生西葫芦生长迅速，一旦果实成熟就要及时采摘，否则很容易过熟，变得软塌塌的不好吃。

甜玉米

甜玉米是一种高大、株型优雅的植物，但它们无法在霜冻环境中生存。甜玉米的播种最好在温室内进行，等到夏季再移植到户外。玉米应按区块种植，而不要直线种植。因为这样有助于花粉借助风力传播，在雌花柔滑的花穗上完成授粉过程，结出香甜的玉米粒。

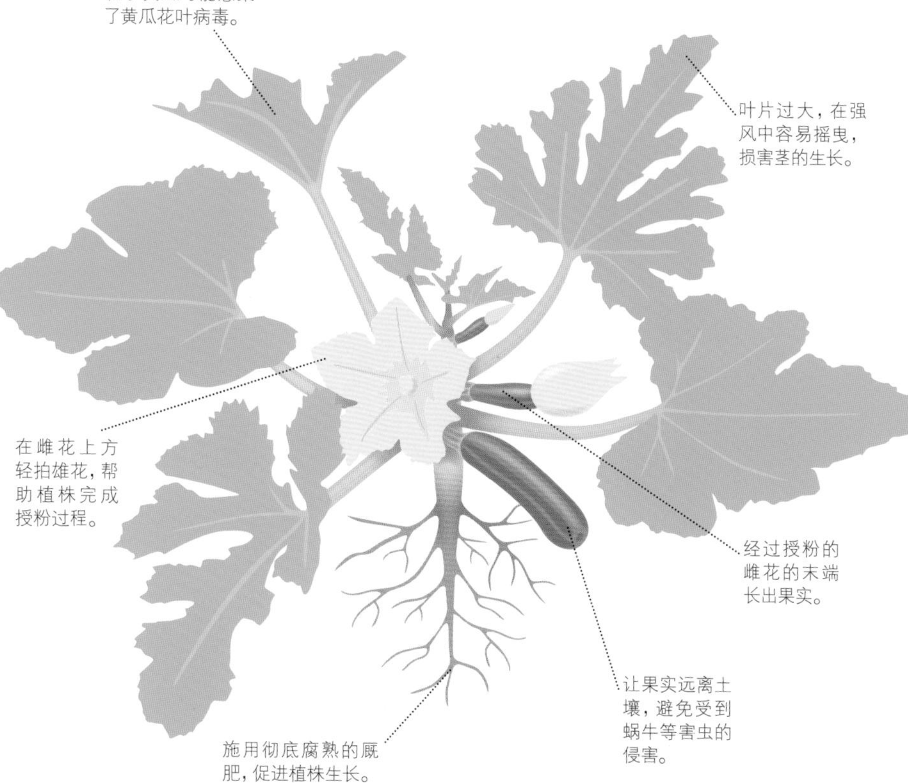

瓠果类蔬菜

瓠果类蔬菜的颜色、形态各异，在花园里也是一道风景。笋瓜要在全日照的环境中才能彻底成熟。

黄 瓜

小胡瓜

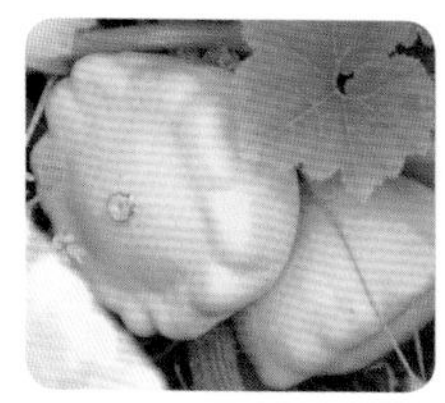

西葫芦

笋 瓜

果菜类蔬菜的异常现象

果菜类蔬菜从发芽到结果的整个生长期都对温度有较严格的要求，因此，做好保温工作，尤其是夜间的保温工作十分重要。此外，要为植株提供充足的养分，经常检查叶片与果实是否有受病虫害侵害的迹象，确保植株的健康生长。

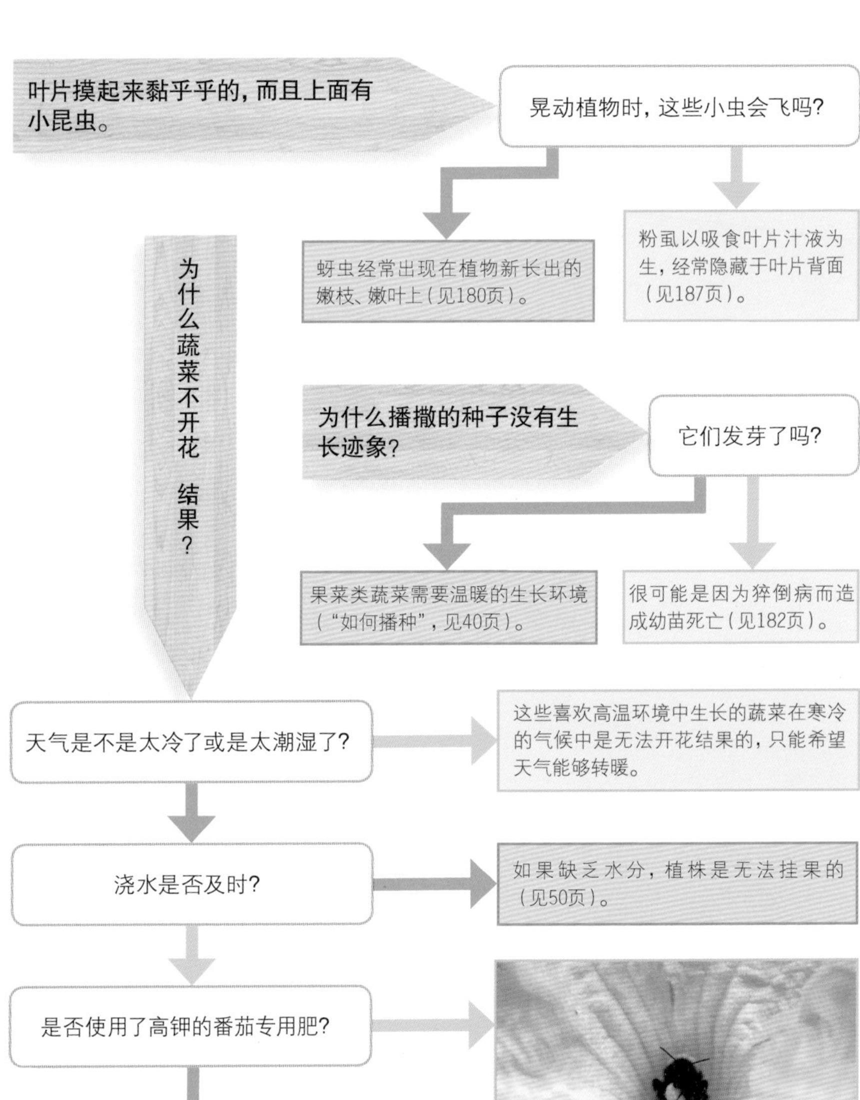

叶片摸起来黏乎乎的，而且上面有小昆虫。

晃动植物时，这些小虫会飞吗？

蚜虫经常出现在植物新长出的嫩枝、嫩叶上（见180页）。

粉虱以吸食叶片汁液为生，经常隐藏于叶片背面（见187页）。

为什么播撒的种子没有生长迹象？

它们发芽了吗？

果菜类蔬菜需要温暖的生长环境（“如何播种”，见40页）。

很可能是因为猝倒病而造成幼苗死亡（见182页）。

为什么蔬菜不开花结果？

天气是不是太冷了或是太潮湿了？

这些喜欢高温环境中生长的蔬菜在寒冷的气候中是无法开花结果的，只能希望天气能够转暖。

浇水是否及时？

如果缺乏水分，植株是无法挂果的（见50页）。

是否使用了高钾的番茄专用肥？

一般的复合肥能够促进植物叶片快速生长。如果想促进植物开花坐果，就要施用番茄专用肥这类高钾肥料。

可能是没有授粉，授粉是植物挂果的必要条件（见50页）。

叶片变色，植株生长状况不佳。

是否遭受了冻害？

在幼苗足够强健后，才能移植到户外种植，并要做好防范措施（见51页）。

是否经常施肥与浇水？

这类蔬菜需要充足的水分与养料（“日常养护”，见43页）；可能是植物缺镁（见50页）。

是否在强光下暴晒？

在强光下（尤其是缺乏保护的情况下），叶片容易被灼伤（见50页）。

叶片上是否有白粉状物质？

这是白粉病，夏季常见的一种真菌感染疾病（见185页）。

小胡瓜、黄瓜或南瓜的叶片上是否有黄色斑痕？

最可能的原因是感染了黄瓜花叶病毒（见51页）。

温室中生长的蔬菜叶子上是否有白色斑点？

有可能是红蜘蛛造成的（见50页）。

西红柿的叶片上是否有褐色斑点，而且叶片向内卷曲？

可能是营养缺乏症或叶片受到病菌感染。（见180页及183页）

可能是感染了枯萎病。

果实生长异常。

果实成熟了吗？

栽培时间过晚，蔬菜被冻伤，或者种植地点过于背阴，都会导致果实无法成熟。

果实有明显被啃食的痕迹吗？

在植物生长过程中，有几种常见的害虫（“鸟类”，见181页；“老鼠”，183页；“蜗牛”，186页；“甘蓝夜蛾”，186页）。

西红柿或辣椒底部有没有内凹的斑点，西红柿的果皮是否爆裂？

枯萎病也可能会影响果实成熟，严重的会使果实变色腐烂（见50页）。

黑色的斑点是腐烂的表现，是缺水引起的。果皮爆裂是浇水不规律造成的（见51页）。

果菜类蔬菜诊所

果菜类蔬菜长势良好时大多都很高产。但如果受到病虫害侵害，其产量就会受到很大影响。在温室中栽培时，果菜类蔬菜尤其容易受到害虫的伤害，养护难度也较大。了解下面列出的常见问题，有助于你及时发现并解决问题。

为什么植株只开花不结果？

花朵经过授粉才能长出果实。在恶劣天气中，昆虫无法接触到花朵而无法进行授粉。过于干旱也不利于授粉。所以，尽量确保植物获得充足的水分，但并不过度潮湿。在温室中，适当喷雾或保持稳定的湿度有利于植物坐果。

Q 黄叶是缺乏营养造成的吗？

A 夏季，盆栽的果菜类蔬菜很容易缺镁，大多表现为老叶的边缘会变黄，之后颜色逐渐加深并最终转为红色、紫色或褐色（见184页）。

Q 如何分辨红蜘蛛留下的为害痕迹？

A 在夏季，红蜘蛛喜欢吸食在温室中的蔬菜的叶片汁液。它们会使叶片丧失活力，出现斑点，最终干枯脱落，严重的会使植株死亡。

健康的西红柿

成熟的甜玉米

红蜘蛛的为害痕迹

Q 这是西红柿枯萎病吗？

A 西红柿枯萎病是夏季户外生长的西红柿常患的一种疾病，但温室内的植株有时也会发病。感病植株先是叶片出现褐色斑块并卷曲，随后斑块扩大到茎干，果实变成褐色最终腐烂（见185页）。

Q 是什么偷吃了甜玉米？

A 成熟的甜玉米粒都是对许多害虫而言难以阻挡的巨大诱惑，在很短的时间内，整个玉米就可能会被消灭光。鸟会剥掉玉米外部的表皮，老鼠也会直接啃食玉米棒，而獾则会将整株玉米啃倒。

诊断表

症状	诊断
刚刚移栽到户外或是经历过霜冻天气的幼苗生长迟缓，叶片发白或萎蔫，严重受损的嫩芽会变成褐色，迅速死亡。	**寒冷的气候**会对所有果菜类蔬菜造成严重影响，因为它们都只适合在温暖的环境中生存，无法抵御霜冻。如果在早春未经耐寒训练就将幼苗移到户外，则幼苗会难以存活。
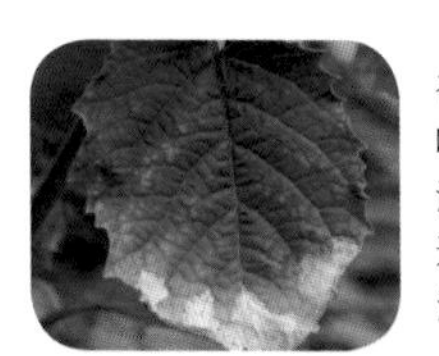 在艳阳天或是强光照射后，**叶片边缘变白**，叶片组织逐渐透明。出现白斑的地方将逐渐干枯且无法复原，在潮湿天气中还可能发霉。	暴晒是造成**枯萎**的主要原因。在强光环境中，如果叶片上有水珠或是植物外部有玻璃罩，强光造成的损害会更严重。

如何避免小胡瓜或南瓜过熟？

A 在温暖的气候条件下，小胡瓜和南瓜生长迅速。为了享用鲜嫩甜美的果实，每天都要及时采摘，尤其不要忘记那些隐藏在大叶片后面的果实。

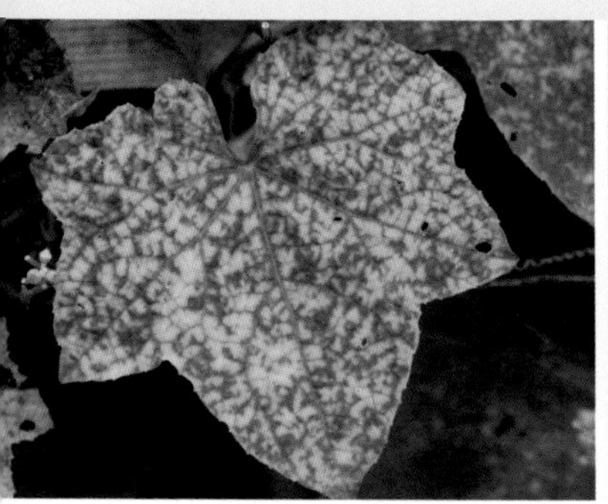

黄瓜花叶病毒

定期定量浇灌

为什么即使每天浇水，植株还是萎蔫？

即使土壤湿润，但植物的新枝还是萎蔫了，这表示浇水过量。如果土壤排水性不佳，根系可能就会腐烂，水分就无法输送到叶片。减少浇水的量与频率即可。

蔬菜感染黄瓜花叶病毒了吗？

A 如果黄瓜、小胡瓜和南瓜的叶片上出现了奇怪的黄斑，果实也变形扭曲，那么就可以确定植物感染了黄瓜花叶病毒。这种疾病通过蚜虫传播，在夏季的任何时候都可能爆发。户外或室内栽培的植物都很难幸免。

西红柿出现什么问题了？

A 不适宜的生长环境会使西红柿出现许多问题。在果实底部出现褐色的圆形硬斑是蒂腐病典型的，这是由于浇水不足缺钙引起的。表皮爆裂则是浇水不规律引起的。温度过低或光照不足，果实都无法完全成熟。

蒂腐病

表皮爆裂

果实无法完熟

根茎类蔬菜

根茎类蔬菜种类繁多，主要以根系和茎为食用部位。在根茎尚未彻底成熟前就可以采摘，此时的味道比较鲜嫩，适宜制作沙拉，也可以等到彻底成熟再采摘。

根茎类蔬菜

根系或茎肥大，可供食用的蔬菜称为根茎类蔬菜。例如，土豆是典型的一年生的块茎植物。

收获

挖掘时应小心使用工具，避免损伤土壤中的块根。

绿色的土豆

如果过早暴露于阳光中，土豆就会变成绿色。这种土豆有毒，不能食用。

根茎类蔬菜

菊芋与土豆都是通过块茎繁殖。红薯则需要将其块根切成小块，再进行繁殖。

直根蔬菜

垂直生长，与须根区别明显的根被称为直根。直根较长，有的是圆柱形，有的是锥形。直根蔬菜多用种子繁殖，长出肥大的主根后才开花。一些生长期短的品种6周内即可成熟，其他的则需要数月的生长才可收获。

许多直根蔬菜都需要防虫网的保护。

如果植株顶端开花，就说明地下的直根已经长成，可以收获了。

直根蔬菜地面部分的叶片不与土壤直接接触，便于清除杂草。

长长的直根需要疏松、深厚且排水良好的土壤。

若直根折断，植株将停止生长。因此，最好不要移植直根蔬菜。

收获

一般拉住胡萝卜的叶子就能将植株拉出土壤，但先疏松土壤可以避免根系被扯断。

畸形的直根

如果土壤中小石块较多，直根就会因受到阻碍而变形。种植前仔细地翻耕土壤，清除小石块能预防类似问题的发生。

直根蔬菜的种植

这些垂直生长的蔬菜非常节省庭院空间，而且生长期短，很快就可以收获。只要养护得当，直根蔬菜在深一点的盆器内也会生长良好。

叶片也可食用 甜菜、芜菁甘蓝和萝卜的叶子和根系一样可以食用。

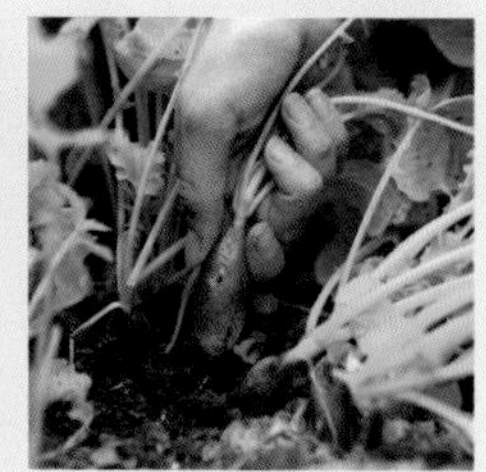

间种 将生长迅速的直根植物穿插着种植在生长期长的植物之间，可以提高土地利用率。

直根植物

这类蔬菜可以提前收获，不必等到直根完全生长成熟。完全成熟的直根表皮较厚。许多品种能够在土壤中顺利过冬。

胡萝卜

欧洲防风

蕉青甘蓝

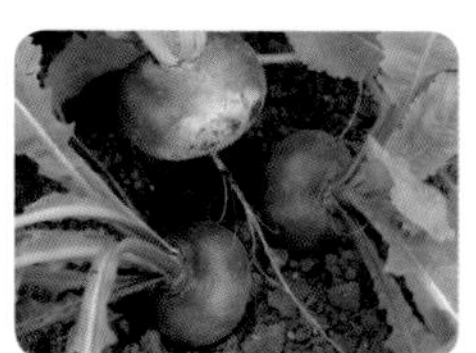

芜菁甘蓝

甜 菜

水萝卜

根茎类蔬菜的异常现象

根茎类蔬菜独特的生长习性，使病虫害为害的迹象不容易被及时发现。在春秋两季，观察根茎类蔬菜叶片的生长状况能够发现一些病虫害的蛛丝马迹。绝大部分的根茎类蔬菜的味道都十分鲜美，你的辛勤付出是能够获得回报的。

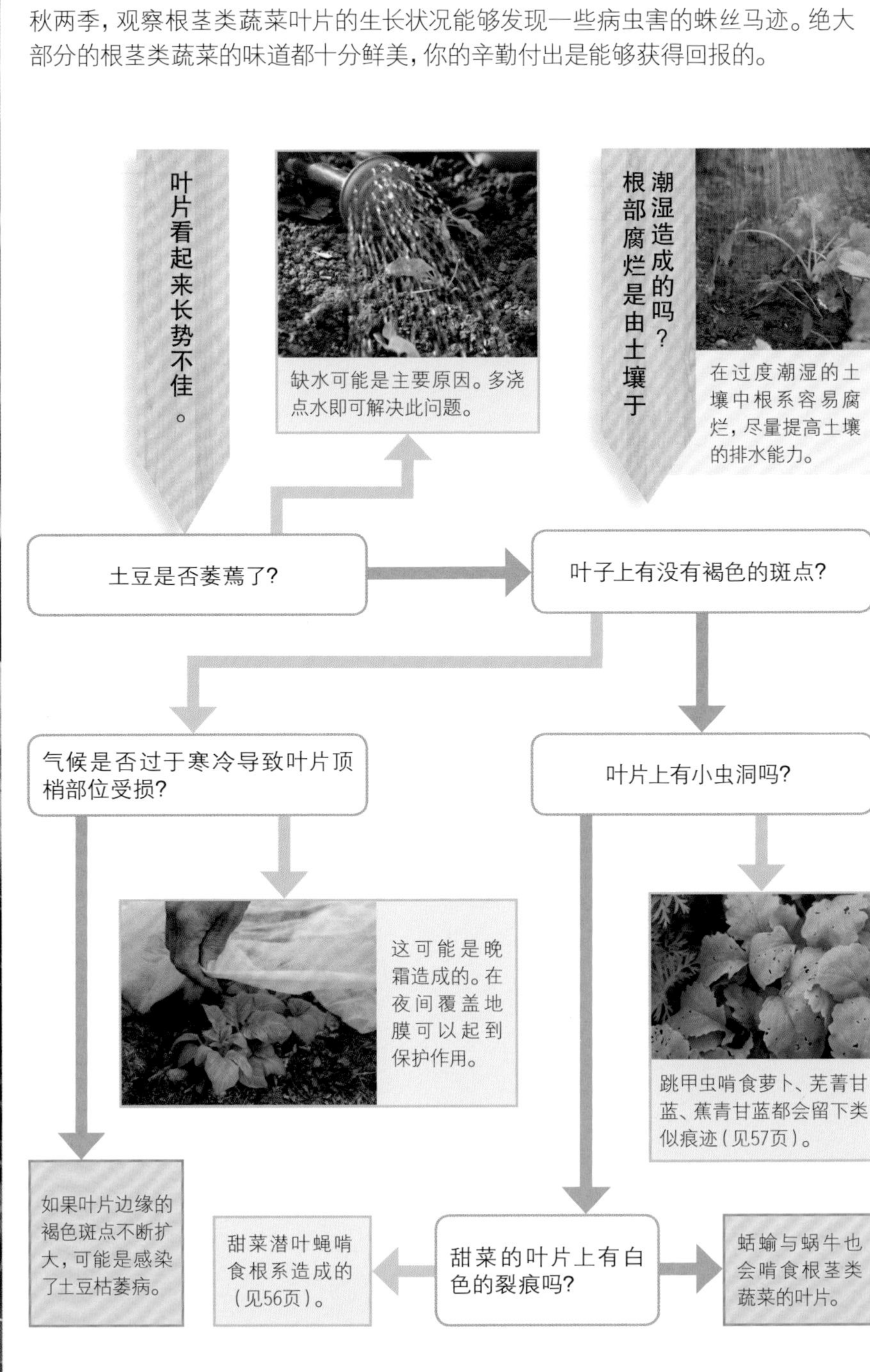

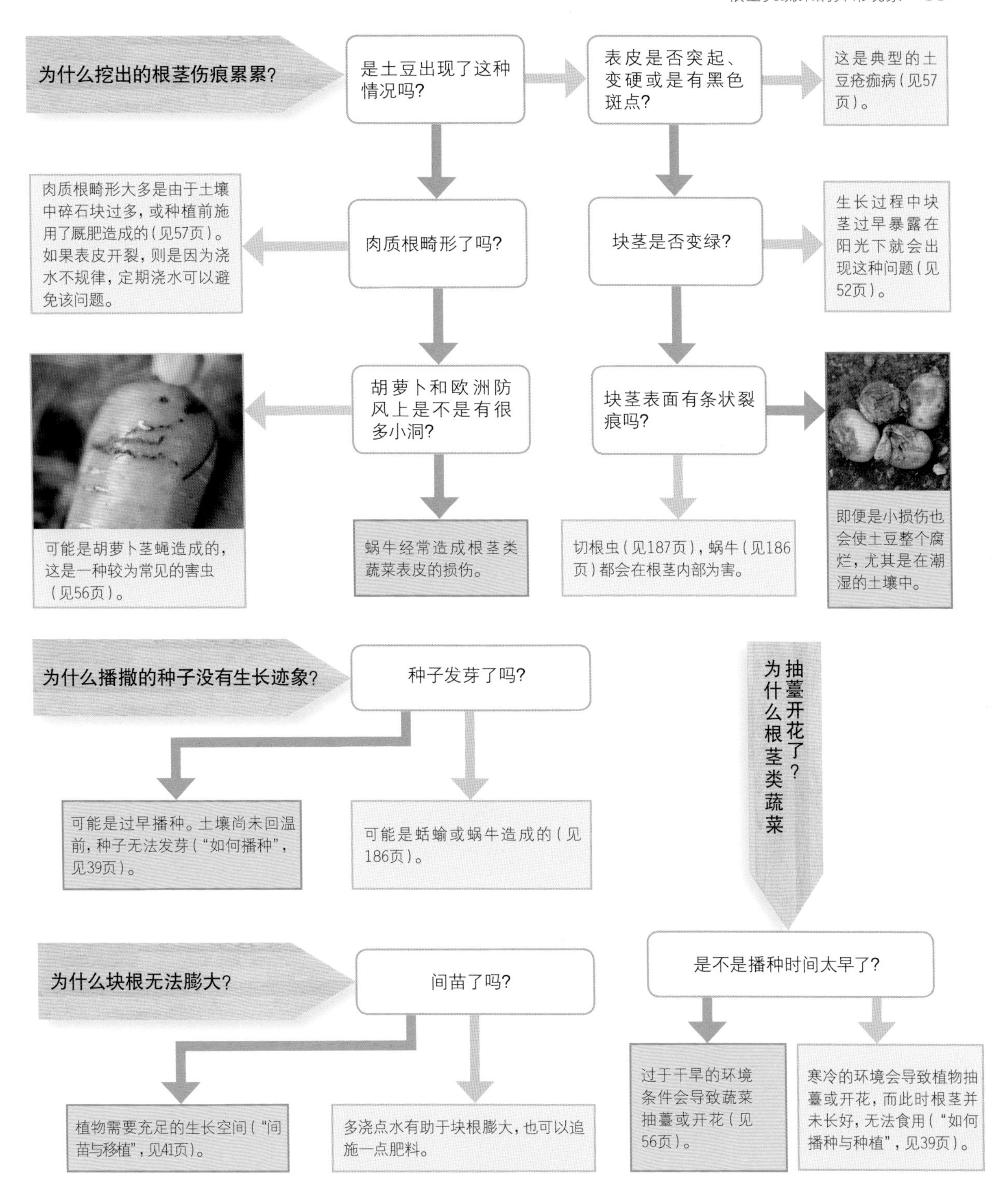

为什么挖出的根茎伤痕累累?
是土豆出现了这种情况吗?
表皮是否突起、变硬或是有黑色斑点?
这是典型的土豆疮痂病(见57页)。
肉质根畸形了吗?
肉质根畸形大多是由于土壤中碎石块过多,或种植前施用了厩肥造成的(见57页)。如果表皮开裂,则是因为浇水不规律,定期浇水可以避免该问题。
块茎是否变绿?
生长过程中块茎过早暴露在阳光下就会出现这种问题(见52页)。
胡萝卜和欧洲防风上是不是有很多小洞?
可能是胡萝卜茎蝇造成的,这是一种较为常见的害虫(见56页)。
蜗牛经常造成根茎类蔬菜表皮的损伤。
块茎表面有条状裂痕吗?
切根虫(见187页),蜗牛(见186页)都会在根茎内部为害。
即便是小损伤也会使土豆整个腐烂,尤其是在潮湿的土壤中。
为什么播撒的种子没有生长迹象?
种子发芽了吗?
可能是过早播种。土壤尚未回温前,种子无法发芽(“如何播种”,见39页)。
可能是蛞蝓或蜗牛造成的(见186页)。
为什么根茎类蔬菜抽薹开花了?
是不是播种时间太早了?
过于干旱的环境条件会导致蔬菜抽薹或开花(见56页)。
寒冷的环境会导致植物抽薹或开花,而此时根茎并未长好,无法食用(“如何播种与种植”,见39页)。
为什么块根无法膨大?
间苗了吗?
植物需要充足的生长空间(“间苗与移植”,见41页)。
多浇点水有助于块根膨大,也可以追施一点肥料。

根茎类蔬菜诊所

地面上是长势繁茂的叶片，土壤中的根系则是隐藏着的美味食物，对害虫而言，根茎类蔬菜具有难以抗拒的诱惑力。尽管如此，只要土壤条件良好，使用正确的种植技术例如轮作、设置防虫网等，将虫害保持在可控范围内并不难。

为什么欧洲防风的肉质根上有难看的斑痕？

欧洲防风很容易感染根腐病，这是由真菌感染导致的疾病，一般从根系的顶部最早出现迹象，随后迅速蔓延。根腐病的发生通常是由于土壤过于潮湿，排水性不佳造成的。一旦肉质根表皮出现损伤，很容易感染病菌，加剧腐烂的蔓延。

Q 为什么根茎类蔬菜突然抽薹？

A 在不适宜的生长条件下，根茎类蔬菜容易抽薹，即根茎成熟前植株就开花且结子。如果在春季过早播种，植株受到冻害影响就容易造成抽薹。土壤过度干旱也会出现这种情况。

Q 甜菜潜叶蝇会发展成为严重虫害吗？

A 甜菜潜叶蝇喜欢在夏季啃食叶片内部的组织，在叶片表面留下难看的褐色线纹。如果损害不严重，植株不会受到太大影响。但如果危害严重，叶片会枯萎脱落。

防虫网箱

健康的土豆叶片

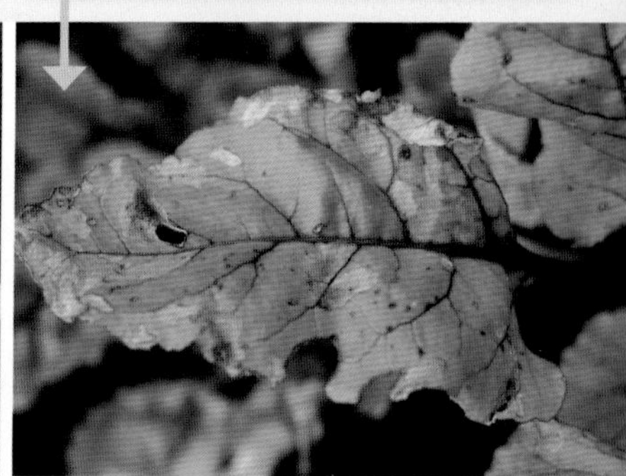

甜菜潜叶蝇造成的损害

Q 胡萝卜是被胡萝卜茎蝇啃食了吗？

A 胡萝卜和欧洲防风根部出现的细褐色裂纹和条状裂痕是胡萝卜茎蝇典型的为害标志。胡萝卜茎蝇从春季到秋季都可以在根茎类蔬菜的根部产卵。它们留下的痕迹，还容易引发真菌感染，使植物根茎腐烂（见181页）。

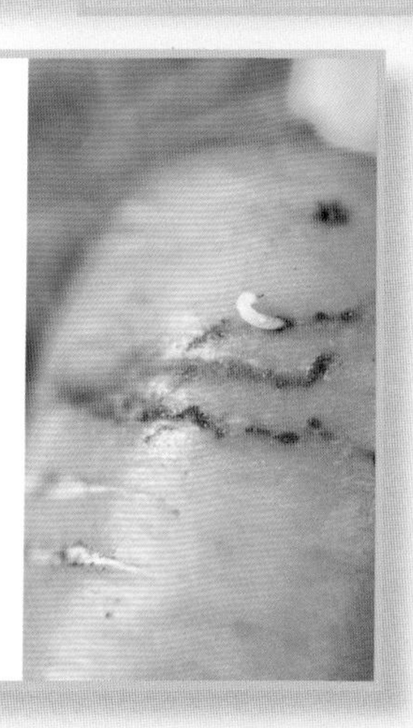

Q 这是土豆枯萎病的征兆吗？

A 植株感染土豆枯萎病，后先是叶尖出现褐色的斑块，随后斑块迅速扩散使茎叶腐烂、死亡。枯萎病是由一种真菌引发的疾病，真菌可以凭借水和空气传播。尤其是在潮湿、炎热的夏季，枯萎病的发病率更高。流水会将孢子扩散开来，感染更多蔬菜（见185页）。

Q 为什么土豆叶子卷曲、变黄？

A 许多病毒都会危害土豆，使土豆叶片出现黄斑、褐色的圆点或是硬化、变形等现象。蚜虫是病毒传播的媒介（见187页）。

Q 土豆为什么会变绿？

A 土豆如果过早暴露在阳光下就会变绿，此时土豆含有毒素。为了避免这种情况出现，在土豆生长期间可以在植株周围多培一层土，或者直接用黑色的塑料布覆盖（见52页）。

Q 为何胡萝卜会变得畸形或是长成叉子状？

A 土壤中碎石块较多或种植前施用了厩肥，胡萝卜就会长成叉子状或其他奇怪的形状。种植前仔细整理土壤，滤去碎石并施肥以改良土壤可以避免这种情况。

跳甲虫

健康的土豆

为什么地里到处都是土豆的幼苗？

哪怕将一小块土豆埋在土里，第二年春季它都有可能发芽生长。所以在收获的时候，务必将所有土豆都挖干净，不要遗留在土壤中。

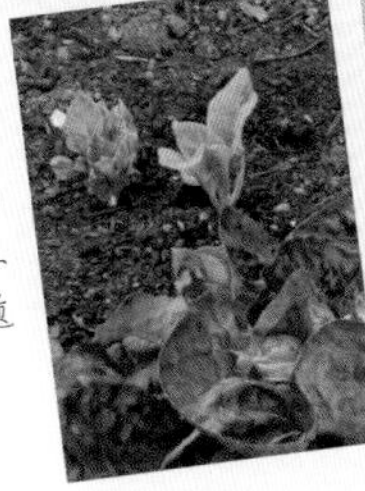

Q 跳甲虫会造成严重危害吗？

A 跳甲虫是一种小型、黑色的甲虫，春夏季，它们会在胡萝卜、芜菁或是蕉青甘蓝表面留下许多圆形的小食洞。它们会在叶片之间来回跳跃，所以不容易发现它们。如果小洞不多，对植物不会造成大影响。但是如果情况严重，幼苗很可能会死亡，成年植株则会减产（见183页）。

Q 土豆出现了什么问题？

A 土豆表皮出现黑色的片状斑痕可能是得了疮痂病。细小、像生锈一样的裂痕则是土豆腐烂线虫（见182页）造成的，在夏季会导致土豆腐烂。一些其他病毒会在土豆表皮留下褐色的痕迹（“土豆疮痂病”，见182页）。

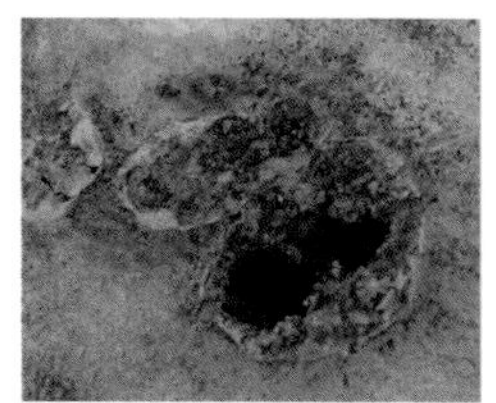

土豆疮痂病

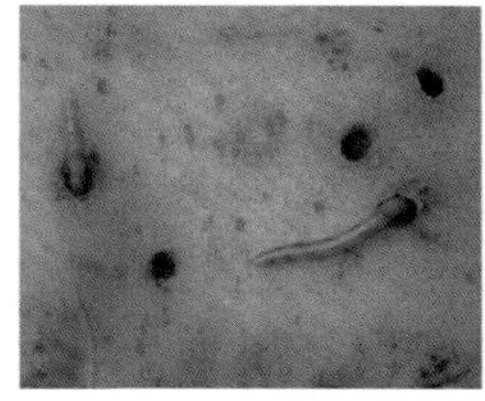

切根虫

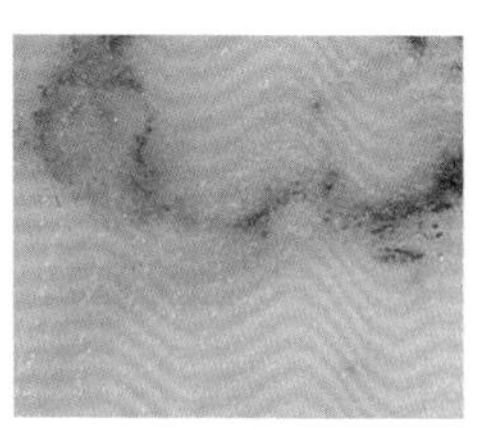

感染病毒的土豆

叶菜类蔬菜

叶菜类蔬菜汁液丰盛，生长迅速且易于栽培，多作为一年生植物栽培。种植后数周就可以收获食用。大多数叶菜类蔬菜都在春季播种，最适宜的播种方式是“少量多次”，每隔几周播种一次，错开蔬菜的成熟期，这样能够保证在较长时间内都有稳定持续的蔬菜供应。

结球叶菜

菊苣、苦苣这类绿叶菜的叶片生长紧凑，成熟后呈现“包心”的形态。一般12周左右即可收获，可整株切下来。

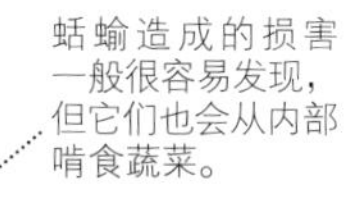

蛞蝓造成的损害一般很容易发现，但它们也会从内部啃食蔬菜。

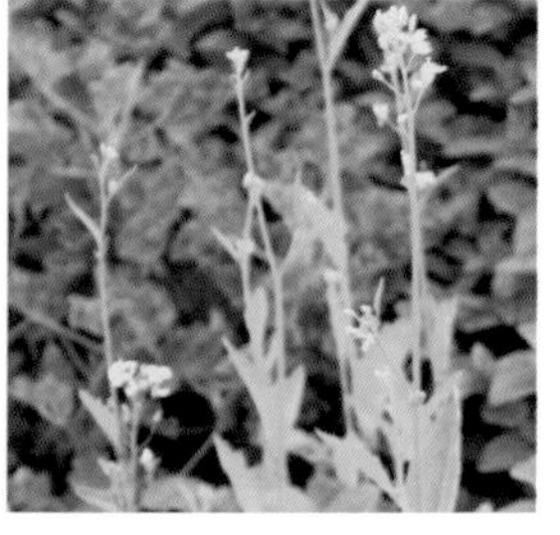

开花结子

一旦蔬菜顶部抽出花枝，并开出花朵，就意味着叶片“长老了”，无法食用（见62页）。

结球叶菜

许多叶菜类蔬菜产量丰富，而且株型十分美观。种植这些蔬菜，不仅能收获美味，还能为花园增添美景。

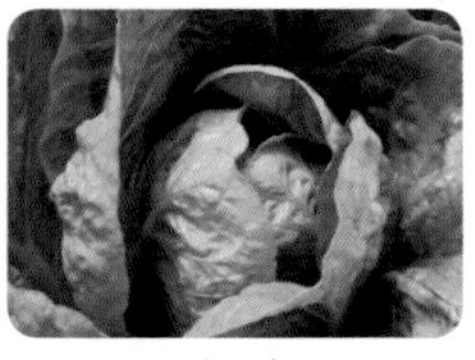

生 菜

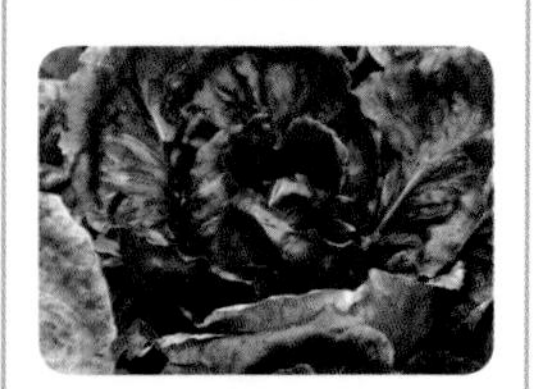

菊 苣

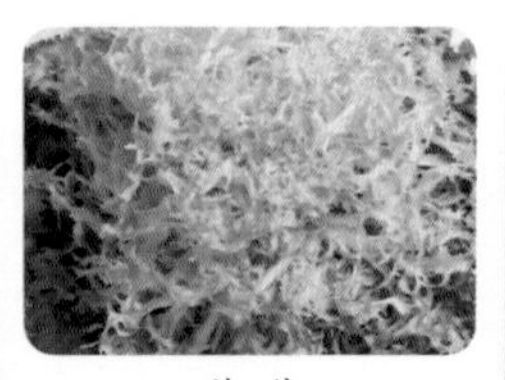

苦 苣

在结球叶菜的内部，真菌很可能侵害植株。

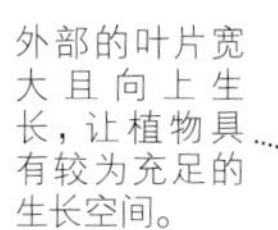

外部的叶片宽大且向上生长，让植物具有较为充足的生长空间。

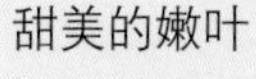

甜美的嫩叶

扒开外面的叶子，只留下内部的生长点。这部分叶子由于没有被太阳直射，质地柔嫩，口感很好。

生菜是浅根作物，所以一旦缺水，就容易萎蔫。注意浇水的规律性。

不结球叶菜

不结球蔬菜品种繁多，生长迅速，尤其适合面积小的花园种植。生长数周后，即可采摘叶片食用。采摘时既可以从基部切下整株蔬菜，也可以按需采摘叶片，新的叶片会继续从植株基部长出。这类蔬菜叶片松散，所以不容易招惹病虫害。

芽苗菜

这些既美味又具观赏性的蔬菜即便在阳台也可种植。也可以种植一些香草类作物，既能享受美味，又可以欣赏多彩的叶片。

播种 在播种介质表面划出条播沟，疏松地撒下种子，再轻轻地覆土。润湿土壤并使育苗盒处于温暖、微光的环境中。

收获 两周后，当植株长出第一对真叶，即可使用剪刀从基部剪断植株。此时的蔬菜香嫩可口，尤其适合制作沙拉。随后，可以开始新一轮的播种。

不结球叶菜

这类蔬菜可以密植，在需要间苗前就可收获，一般植株长出土壤表面3厘米左右就可以食用。

不结球生菜

芝麻菜

芜 菁

瑞士甜菜

菠 菜

香 草

叶菜类蔬菜的异常现象

害虫和各种病害尤其青睐这种叶嫩味美的蔬菜，它们往往在很短时间内就可以侵害所有叶片。在夏季或阴雨天，要特别注意防范蛞蝓与蜗牛。冬季在温室内种植时，要注意观察叶菜是否出现真菌感染的迹象，如果生长环境通风不畅，叶菜类蔬菜就很可能发病。

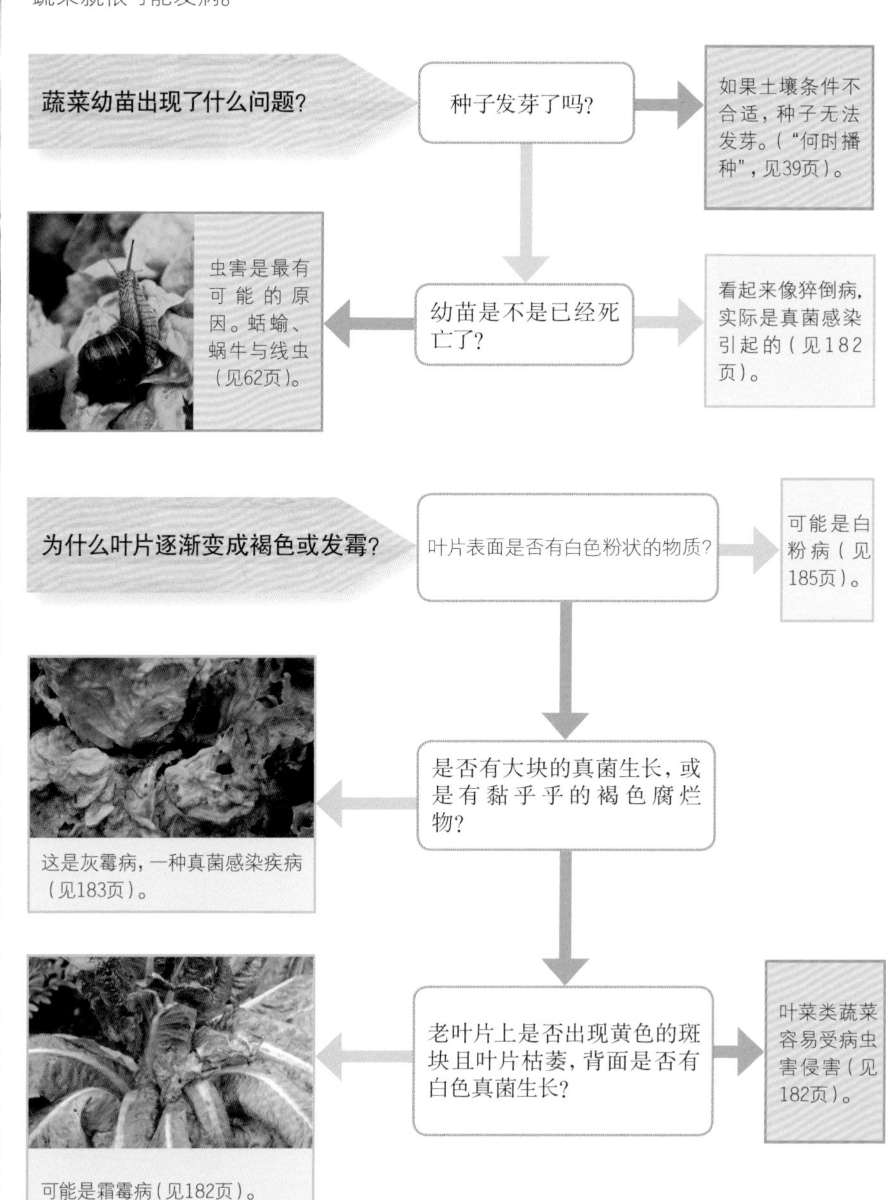

是什么啃食了叶片?

叶片上是否有大的圆孔和黏乎乎的痕迹?

这是蛞蝓和蜗牛造成的（见62页）。

叶片上是否有许多小圆孔?

甜菜潜叶蝇经常在瑞士甜菜的叶片上留下这样的痕迹（见62页）。

可能是跳甲虫留下的痕迹（见63页）。

为什么叶片萎蔫了?

是否定期浇水了吗?

叶菜类蔬菜需要定期浇水、施肥。

叶菜类蔬菜是否种植在全日照的环境下?

检查莴苣的根部是否有蚜虫的痕迹（见62页）。

即使在湿润的土壤中，有些蔬菜也经不起太阳的暴晒。根据花园的具体位置，在午间进行局部遮阳保护（见63页）。

为什么叶片很小而且吃起来十分苦涩?

植株是否十分高大而且开花了?

开花意味着叶片停止生长。重新播种新的品种吧（见62页）。

缺水可能导致蔬菜停止生长，叶片苦涩难以下咽（见63页）。

为什么植株从根部开始腐烂?

如果天气潮湿而且土壤排水性差，就很可能出现这种情况。下一季种植前先改良土壤，就可以获得好收成了。

叶菜类蔬菜诊所

叶菜类蔬菜大多汁液丰富且味道鲜美，因此容易受到许多病虫害危害。采取预防措施对于防范蛞蝓、蜗牛和真菌感染等病虫害十分必要，因为一旦问题出现，要想挽回损失就很难了。

是毛虫在侵害蔬菜吗？

如果蔬菜突然死亡，而且在数日内死亡的现象不断蔓延，体型较大的褐色毛虫很可能就是元凶。毛虫生活在土壤中，以植物的根部为食，导致幼苗死亡。仔细翻查植株附近的土壤，清除这些毛虫。

Q 如何辨别莴苣根瘿绵蚜？

A 仔细查看莴苣根系附近的土壤，很可能会发现白色的黏稠物质，还有大量蚜虫，这就是莴苣根瘿绵蚜。这类害虫以吸食植物根系的汁液为生，会使蔬菜严重减产。

Q 是蛞蝓和蜗牛在侵害蔬菜吗？

A 如果叶片表面出现粗糙的圆孔，而且蔬菜被啃食得破破烂烂的，那很可能就是蛞蝓与蜗牛造成的。蛞蝓喜欢从蔬菜的心部开始啃食。在阴雨天，这些害虫尤其活跃（见186页）。

萎蔫的甜菜

健康的叶片

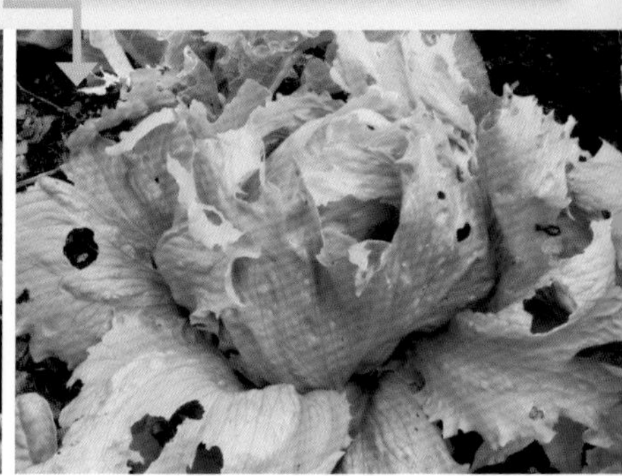

蜗牛啃食过的莴苣叶

Q 为什么叶菜类蔬菜异常高大而且开花了？

A 这种现象称为抽薹，植株提前开花会使叶片停止生长，而且苦涩难咽。一定要在叶片还没有“长老”的时候，就采摘食用。一旦发现植物有花枝抽出，就要迅速剪除。过于干旱或是播种时机不当都有可能导致抽薹。

Q 甜菜潜叶蝇会造成严重危害吗？

A 菠菜与瑞士甜菜都很容易受到甜菜潜叶蝇的危害。这种小型的白色蛆虫在叶片内部为非作歹，使叶片出现褐色的斑块，幼苗尤其容易受它们危害。必须及时剪除所有出现虫害的叶片。

Q 为什么叶菜类蔬菜在夏季会萎蔫?

A 叶菜类蔬菜的叶片在夏季很容易萎蔫，有时候即使土壤湿润也难以避免，这是因为它们的叶片很大，水分蒸发过快。不用太担心，只要及时浇水，叶片就会恢复正常。

诊断表

	症状	诊断
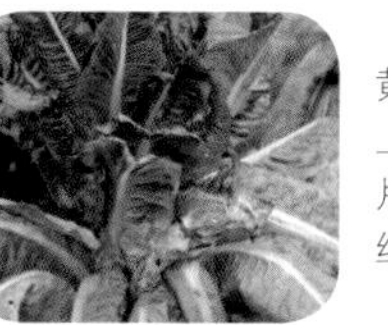	**黄色的斑块**首先出现在老叶上，而后迅速扩散。翻看叶片的背面就会发现有白色菌丝生长。	**霜霉病**是一种真菌性疾病，在过度潮湿的环境中发病率较高，幼苗和成年植株都会感染霜霉病。及时摘除染病叶片有助于防止病情蔓延(见182页)。
	**莴苣叶片上有绒毛状的灰色菌丝生长**，受感染的叶片组织变成黄褐色，而且表面有黏液。发病部位一般接近主干，严重时会导致植株死亡。	**灰霉病**是一种真菌疾病，几乎所有叶菜类蔬菜在生长期的都可能染病。在潮湿环境中，感病植株的病情会加重。灰霉病具有传染性，蔬菜种子也可能携带病菌(见183页)。

跳甲虫造成的损害

色彩艳丽的香草类植物

为什么有的菜叶吃起来苦涩难咽?

有些蔬菜品种，例如紫色苦白菜本身就是苦味的，但其他品种如果出现这种情况则很可能是由于缺水造成的。过度缺水不仅会影响蔬菜的口感，还会使叶片萎蔫。

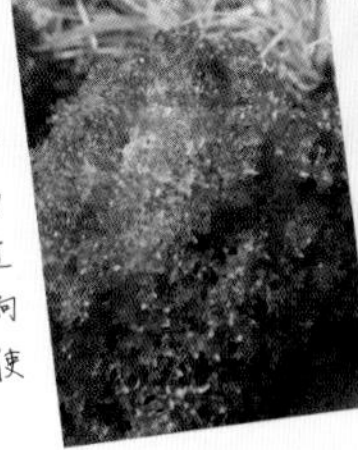

Q 跳甲虫会造成严重损害吗?

A 在叶片明显变形之前，这种亮晶晶的黑色小甲虫很难被发现。这些害虫喜欢在夏季啃食芝麻菜与小白菜的叶片。如果情况不严重，只要不缺水，植株就不会出现太大的问题。但是如果危害严重，就会使蔬菜减产，甚至造成幼苗死亡(见182页)。

Q 香草出现了什么问题?

A 锈病是薄荷经常感染的病害，是由真菌感染引起的。盆栽的香草类植物，即便是耐旱的百里香，也需要定期浇水以避免感染顶枯病。如果叶片出现白斑，则有可能是由于喜欢吸食植物汁液的害虫造成的。

薄荷锈病的表现

百里香的顶梢枯死

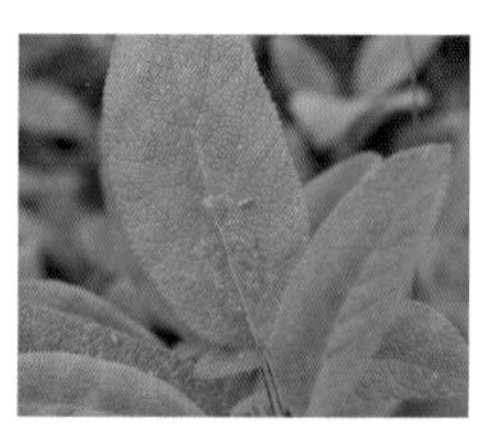

鼠尾草叶片上的牧草虫

甘蓝类蔬菜

甘蓝类蔬菜种类很多，有的品种是心叶抱合成球，有的品种是花轴分枝成球。甘蓝类蔬菜生长期较长，需要较大的生长空间和湿润的土壤条件。定期施肥有助于甘蓝类蔬菜的健康生长。集中种植甘蓝类蔬菜并每年都变换种植地点，可以减少病虫害的发生。

心叶抱合成球型

冬甘蓝、羽衣甘蓝和抱子甘蓝都是适合冬季栽培的品种，羽衣甘蓝则全年都可以随种随收。它们既可以用种子种植，也可以直接购买种苗。甘蓝类蔬菜株型美观，作为观赏植物种植在花圃中也很不错，当观赏花卉在冬季都凋谢后，羽衣甘蓝就可以成为花园的主角。

根肿病

根肿病会使蔬菜根部肿胀，导致植株死亡。为了避免发病，可以采取轮作、改良土壤以及向酸性土壤中添加生石灰等方法（见69页）。

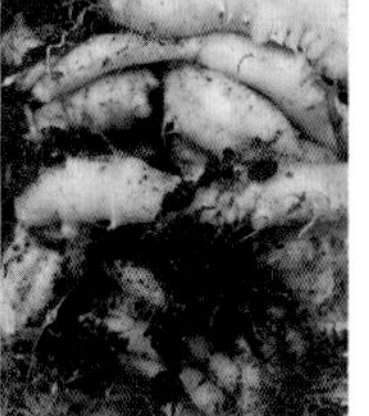

防虫

用小垫圈卡在幼苗根部可防止害虫在植株根系附近产卵（见69页）。

品种繁多

这类甘蓝虽然看起来都差不多，但采食的具体部位还是有所不同。一般我们所讲的卷心菜的地面部分都可以食用，羽衣甘蓝、抱子甘蓝等却是以叶片为食用部位。

紫甘蓝

冬甘蓝

羽衣甘蓝

抱子甘蓝

花轴分枝成球型

西兰花、花椰菜等都是花轴分枝成球，如果种植得当，全年均可随种随收。西兰花的花序生长紧密且生长期短，最快4个月左右即可收获。一些其他品种的甘蓝类蔬菜还可以露地越冬。

将花椰菜包起来
为了避免花椰菜的头状花序受强光和霜冻影响，可以将它的宽大的叶片包起来以保护花序。

收获西兰花
在头状花序尚未长老之前，就将其采摘下来。植株会继续生长出许多小花序。

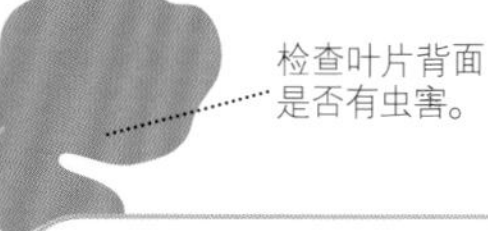

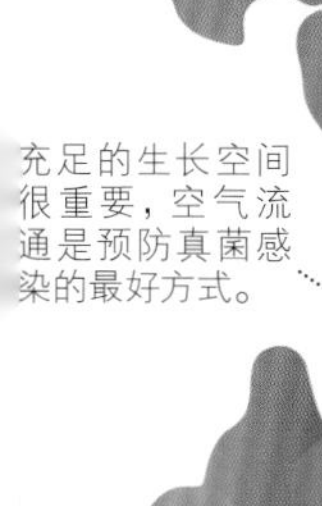

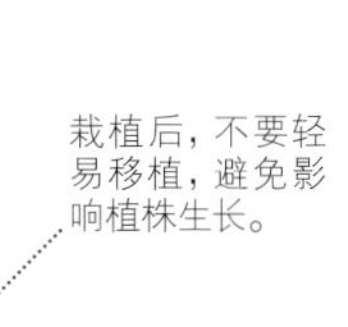

花轴分枝成球型

这类甘蓝需要适宜的生长条件才能获得较好的收获。可以选择先种植花椰菜、西兰花等容易上手的品种。

紫色花椰菜

花椰菜

西兰花

甘蓝类蔬菜的异常现象

甘蓝类蔬菜特别容易受害虫侵害，在冬春两季还有可能会被鸽子啄食。由于甘蓝类蔬菜叶片肥大，对水肥的要求较高，因此，在其整个生长期都要注意保证充足的水肥供应。

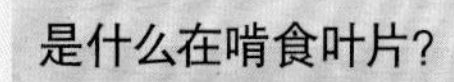

是什么在啃食叶片?

叶片是被啃食还是被整片剥离?

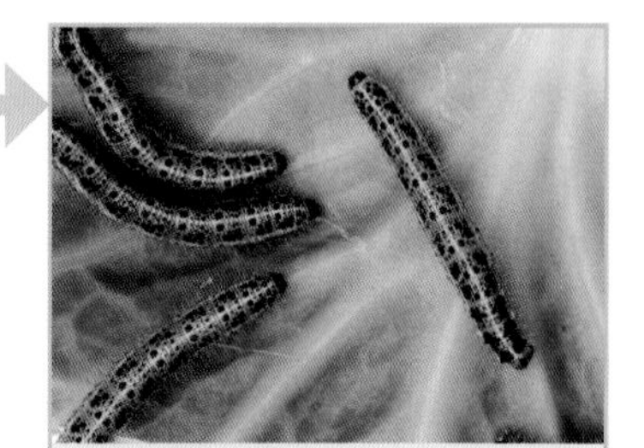

很多害虫都喜欢为害甘蓝类植物的叶片（“菜青虫”，见69页；“跳甲虫”，见182页；“鸟类”，见181页；“蛞蝓和蜗牛”，见186页）。

叶片表面是否有黄斑？新叶是否变形？

粉虱喜欢吸食叶片中的汁液，导致植株长势变弱（见187页）。

有可能是蚜虫造成的，它们经常躲在叶片背面危害（见180页）。

为什么叶片表面有奇怪的色斑?

叶片上是否有黄斑，而且背面有真菌感染的白色黏稠物?

这是芸薹属植物常见的霜霉病（见68页）。

真菌感染是这类蔬菜的常见病害（见183页）。

为什么植株在成熟前就开花了?

是不是气候太干燥了?

可能是因为春季气温过低而“抽苔”了（“如何播种与种植”，见39页）。

气候过于干旱可能会导致抽薹，多浇点水就好。

为什么植株散发出奇怪的气味?

成熟的甘蓝类蔬菜都会散发出特有的气味，冬季气味更加明显。虽然闻起来并不像芳香植物那样令人愉快，但不必过于担心，这是正常现象，及时清除落叶可能有所帮助。

甘蓝类蔬菜诊所

甘蓝类蔬菜需要的生长环境类似，也容易感染同样的病虫害，在种植前，做好土壤的改良工作十分重要。甘蓝类蔬菜种植初期的管理很关键，尤其要注意那些刚刚移植的幼苗，可以设置防鸟网保护它们。

为什么叶片会出现黄斑？

这是芸薹属植物常见的霜霉菌病，是一种真菌感染导致的疾病，可以通过水传播。发病时叶片出现黄斑，同时还有绒毛状的真菌在叶片背面生长。新叶尤其容易患病，尤其在潮湿环境下（“霜霉病”，见182页）。

Q 为什么花椰菜长不出头状花序？

A 花椰菜需要在肥沃的土壤中生长，如果土壤过于贫瘠，就无法长出花序。缺水也可能出现这种情况。在气温过低的情况下将幼苗移植到户外，也可能会阻碍花序形成。

Q 是粉虱造成的危害吗？

A 粉虱躲在叶片背面吸食汁液，因此很难发现。粉虱不仅会使甘蓝类蔬菜长势变弱，还使它们容易感染煤污病（“粉虱”，见187页；“煤污病”，见186页）。

变色的叶片

防鸟网

叶片背面的粉虱

Q 为什么植株下部的叶片逐渐变黄？

A 卷心菜、花椰菜等在完全成熟后，最外部的老叶都会自然脱落。只要植株长势良好，老叶变黄脱落就不是什么问题。及时清除发黄的老叶，能降低感染虫害的风险。

Q 卷心菜是被鸽子破坏的吗？

A 卷心菜是鸽子难以抗拒的美食，它们可以迅速地啄食叶片，甚至将植株啄倒。仔细检查，如果植株断裂处被破坏得一塌糊涂，而且有被啄过的明显痕迹，那就可以确定是鸽子造成的。毛虫无法将植株破坏得如此彻底（见181页）。

诊断表

	症状	诊断
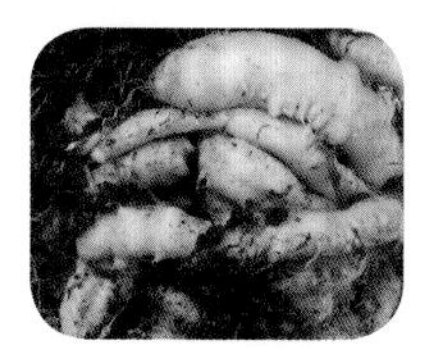	叶片逐渐发白、萎蔫，植株日渐虚弱，最终死亡。检查根系时发现根部肿胀，变形严重。	**根肿病**是通过土壤传播的疾病，病菌在土壤中残留时间最长可达20年之久。在酸性或积水的土壤中植物容易感染根肿病（见182页）。
	春季至初秋，每当光照强烈的时候，**植株生长速度就会变慢**，随后萎蔫。幼苗可能萎蔫，死亡。	**茎蝇**会在甘蓝类蔬菜根部产卵，虫卵孵化后变成的蛆虫会啃食根系，导致根系受损严重，植株无法获得足够的水分而萎蔫，甚至死亡。

Q 是蛞蝓和蜗牛造成的危害吗？

A 蛞蝓与蜗牛喜欢啃食甘蓝类蔬菜的叶片。成年植株也许并不会受到太大影响，但幼苗和刚移植的植株被破坏后会迅速死亡，尤其在潮湿的环境中（见186页）。

蚜　虫

菜青虫为害的痕迹

为什么羽衣甘蓝在冬季容易倒伏？

羽衣甘蓝根系较浅，但地面部分却相对高大，冬季容易出现倒伏现象。秋季，在植株旁合适的位置插入细竹竿可以帮助植株抗倒伏。

Q 蚜虫会造成严重危害吗？

A 从春季到夏季，蚜虫都是甘蓝类蔬菜的主要敌人，它们躲藏在叶片或茎的背面危害植物，并不断扩大危害面积，导致叶片卷曲，丧失活力。灰色和白色的粉状蚜虫在夏季也很常见（见180页）。

Q 如何快速辨别菜青虫（菜粉蝶）？

A 初夏至初秋这段时间，菜青虫是花园中的主要害虫，它们以啃食叶片为生。如果叶片背面有黄色的小点，很可能是虫卵。及时清除所有虫卵，防止它们孵化成毛虫。设置防虫网可以有效地保护植物（见181页）。

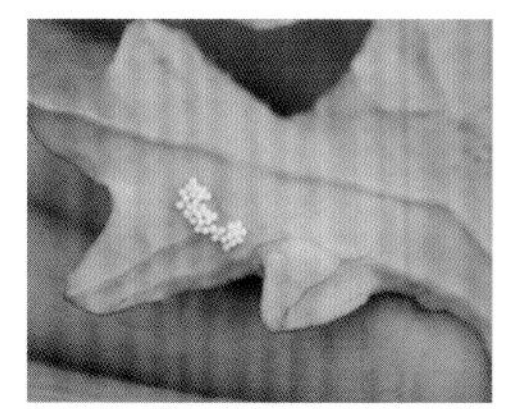

成簇的黄色虫卵

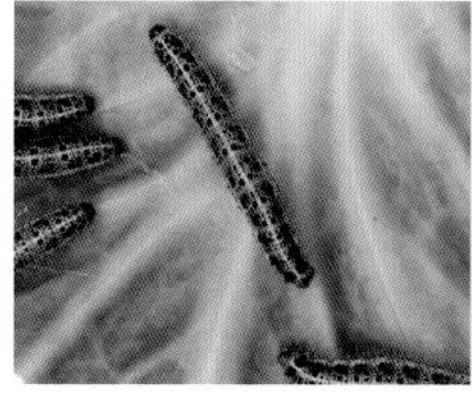

菜青虫

成年菜粉蝶

鳞茎、肉质茎及其他蔬菜

这类蔬菜种类丰富，大多以美味的鳞茎和幼嫩的肉质茎为食用部位，多作为一年生植物栽培，但芦笋和食用大黄可以连续数年获得收获。

葱属植物

葱属植物的食用部位多为鳞茎或是被表皮紧紧包裹的嫩茎。一般采用播种的方式繁殖，但是洋葱等也可以通过种植小鳞茎的方式进行繁殖。大蒜的繁殖也是通过种植蒜瓣的方式实现的。

蒜瓣

在秋季或晚冬，选择饱满的蒜瓣，剥去外皮埋在花器或排水良好的土壤中，即可期待来年的收获。

韭葱

选择20厘米高的韭葱幼苗进行种植。种植穴应深15厘米，每穴一苗，种植后浇一次透水。

了解葱属植物

排水良好的土壤有利于葱属植物的健康成长。葱属植物必须轮作。

洋葱和青葱

小 葱

韭 葱

大 蒜

奇特的美食

这些蔬菜都有肥大的根部、茎或叶基用来储存养分，供植株生长所需。芦笋是以幼嫩的茎部为食用部位，为了确保食用部位的鲜美，有时候需要进行遮光处理。

美味的食用大黄

尽管大黄浅粉色的嫩茎是价格昂贵的美食，但其种植并不难。在冬季或早春，用干稻草覆盖休眠的食用大黄植株，再用陶器彻底遮光。一个月后，土壤中就会长出鲜嫩的大黄嫩茎。

收获整株植物

如果球茎茴香成熟了，可先用小耙子把植物周围的土壤铲松，然后抓住茎向上拔，即可将整株植株拔出土壤。

种类繁多

这些蔬菜味道鲜美，并不一定要等到完全成熟才能食用，在生长期间就可以采摘。

球茎甘蓝

旱 芹

根芹菜

芦 笋

鳞茎、肉质茎及其他蔬菜的异常现象

这些蔬菜容易感染病虫害种类很多，因此，在春夏季的整个生长期中，都要密切关注蔬菜的生长状况，以尽早发现病虫害并及时防治，避免病虫害造成严重影响。例如，如果蔬菜生长过快，则很可能抽薹了，而如果萎蔫了，则可能是地下的根系腐烂了。

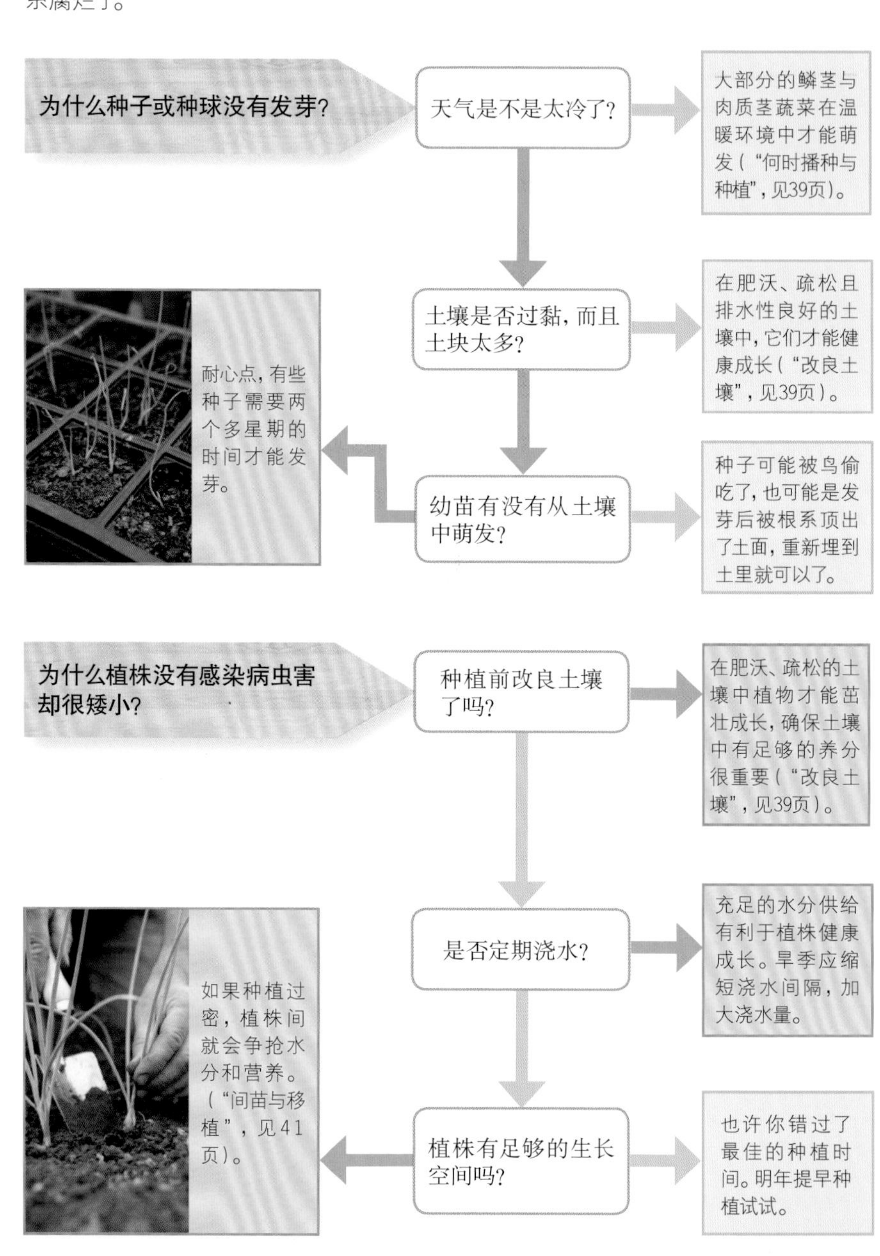

洋葱叶子出现了什么问题?

叶片在洋葱的鳞茎成熟前就萎蔫或变黄了吗?

仔细检查洋葱的基部,观察是否有白腐病的迹象(见74页)。

叶片上有真菌生长的白斑吗?

洋葱、大葱和大蒜成熟后,叶片会自然变黄,脱落。这是正常现象,无须担心。

许多疾病都会导致植株出现这样的症状(“洋葱霜霉病”,见75页;“韭菜锈病”,见75页;“真菌性叶斑病”,见182页)。

幼苗被啃食而死亡。

洋葱、韭葱或大蒜的根部是否有白色的蛆虫?

蛞蝓、蜗牛也经常啃食幼苗(见186页)。

这是黑水虻幼虫(见74页)。

大蒜为什么开花了?

种植的大蒜品种是“胡蒜”(hardneck)吗?

低温容易造成鳞茎和肉质茎蔬菜提前开花或抽薹。过于干燥的气候也会使植株提前开花(见75页)。

这个品种的大蒜开花是正常的,剪掉花枝即可。

是哪种害虫在危害蔬菜?

蛞蝓与蜗牛可以侵害所有的鳞茎与肉质茎蔬菜(见186页)。其他害虫一般只针对某一种或几种蔬菜(“芦笋甲虫”,见75页;“葱须鳞蛾”,见74页;“洋葱蝇”,见74页;“葱蓟马”,见184页)。

鳞茎、肉质茎及其他蔬菜诊所

除了需要注意防范几种常见的病虫害以外，这些蔬菜的栽培与养护并不困难。将同类蔬菜集中种植并采取轮作的种植方式，就可以避免许多病虫害的发生。

为什么大蒜没有长成许多小蒜瓣？

包括大蒜在内的一些鳞茎类蔬菜在种植初期需要至少一个月的时间处于低温（10℃以下）环境中才能长出小蒜瓣。这也是为什么经常选择在秋、冬末季节种植大蒜的原因。

Q 洋葱突然萎蔫是洋葱蝇造成的吗？

A 在初夏，洋葱蝇的白色蛆虫会啃食洋葱、大葱和大蒜、韭菜的根系，使植株萎蔫甚至死亡。虽然这种害虫通常不会对植株造成太大危害，但是容易引发根腐病。

Q 如何分辨是不是白腐病的迹象？

A 如果鳞茎类蔬菜的根部或鳞茎长长出了厚厚的白色真菌状物质，这就意味着植物可能感染了白腐病。这些真菌产生的孢子可以在土壤中生存、繁殖长达数年时间（见184页）。

葱须鳞蛾幼虫

收获洋葱

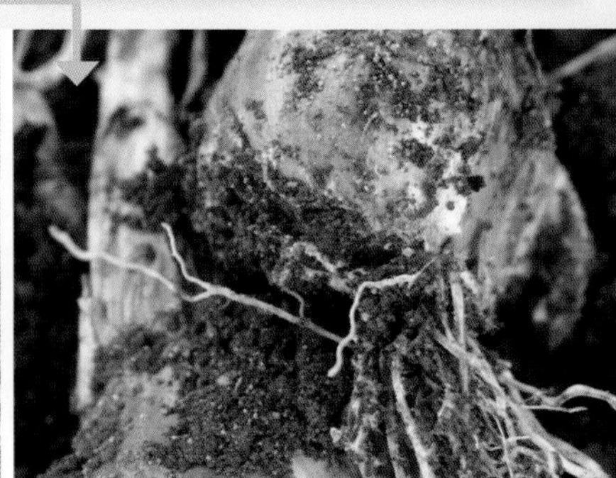
受感染的洋葱鳞茎

Q 这些损害是葱须鳞蛾造成的吗？

A 韭葱与洋葱都容易受到葱须鳞蛾的危害。在夏季与初秋，叶子上如果出现了白色的斑痕，很可能是潜叶蝇在叶子内部吸食汁液造成的。葱须鳞蛾的幼虫还会钻到韭葱内部，啃食新长出来的嫩叶，使植株长势受阻（见183页）。

Q 如何储存大蒜与洋葱？

A 在秋冬两季，将大蒜与洋葱从地里挖出，放在托盘上，拿到阳光下晾晒，直到鳞茎的外表皮变得干燥、酥脆，然后将它们的茎像编辫子那样编成长串，挂在通风处即可长期保存。

干燥架上晾晒

编成长串的洋葱

贮存大蒜

Q 为什么芹菜抽薹并开花了？

A 芹菜幼苗不喜欢寒冷的环境，如果温度长期低于10℃，就可能会抽薹。洋葱、大葱、韭菜、大蒜、茴香和球茎甘蓝在温度过低时都容易出现“抽薹”现象。

诊断表

症状		诊断
	叶片上部出现**浅黄色的斑纹**，并逐渐变成褐色。同时，在叶片下部有绒毛状的白色真菌生长。	**霜霉病**是常见的真菌类疾病，包括大黄、洋葱在内的许多植物都容易感染这种疾病。在潮湿环境中，尤其容易发病（见182页）。
	韭葱、大蒜、洋葱和大葱的叶子上出现了**橘红色的斑点**，而且蔓延速度很快。受感染的叶片会变成枯黄色，最终枯萎死亡。	**韭葱锈病**是真菌类疾病，在潮湿、寒冷的条件下容易发病。尽管看起来不太舒服，但一般不会对植物生长产生太大的不利影响，不需要特别的防治措施。

健康的大黄叶片

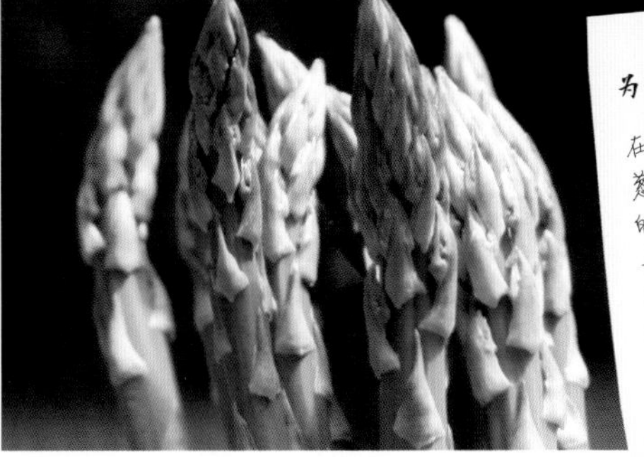

健康的芦笋

为什么贮存的洋葱腐烂了？

在潮湿环境下，洋葱、大蒜等鳞茎表皮的任何损害，都容易导致整个鳞茎腐烂。干净、干燥、健康的鳞茎才适合贮存，而且需要定期检查，防止腐烂传染。

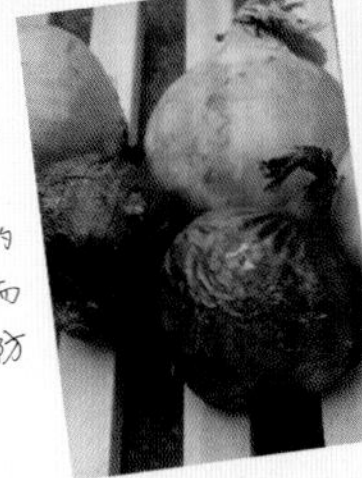

Q 大黄出现了什么问题？

A 大黄叶片出现橘色至棕色的斑块，还有灰白色的真菌在叶片背面生长，这是典型的霜霉病。在晚春和夏季的潮湿环境中，霜霉病的发病率较高。一旦发现叶片染病，必须及时剪除焚毁（见182页）。

Q 如何分辨芦笋甲虫？

A 芦笋甲虫的虫体是红色的，背部黑白相间，很容易识别。幼虫长1厘米左右，能钻到芦笋的茎中啃食植株，使芦笋逐渐干枯。芦笋甲虫躲藏在土壤中过冬，春季地温上升后开始活动，在秋季之前，它们会在植物上产卵（见180页）。

荚果类蔬菜

荚果类蔬菜品种繁多，但有一个共同的特点——根部长有能固定空气中游离的氮素并合成为自身所需营养的根瘤。荚果类蔬菜多用种子繁殖，作为一年生植物栽培。食用部位是豆荚或豆荚里的豆子。

豌豆属

这类蔬菜生长迅速，只要播种环境适宜，而且种子没有被老鼠偷吃，豌豆属的许多品种播种后很快就可以收获。植株成熟后，豆荚会裂开，里面的豆子可供食用，但有些品种是可以连豆荚一起食用的。

豌豆属蔬菜的品种

大多数的豌豆属蔬菜在食用前都需要去除豆荚，但荷兰豆（其实在荷兰，它被称为“中国豆”）、甜豌豆等品种是食用整个豆荚的。

豌 豆

荷兰豆

甜豌豆

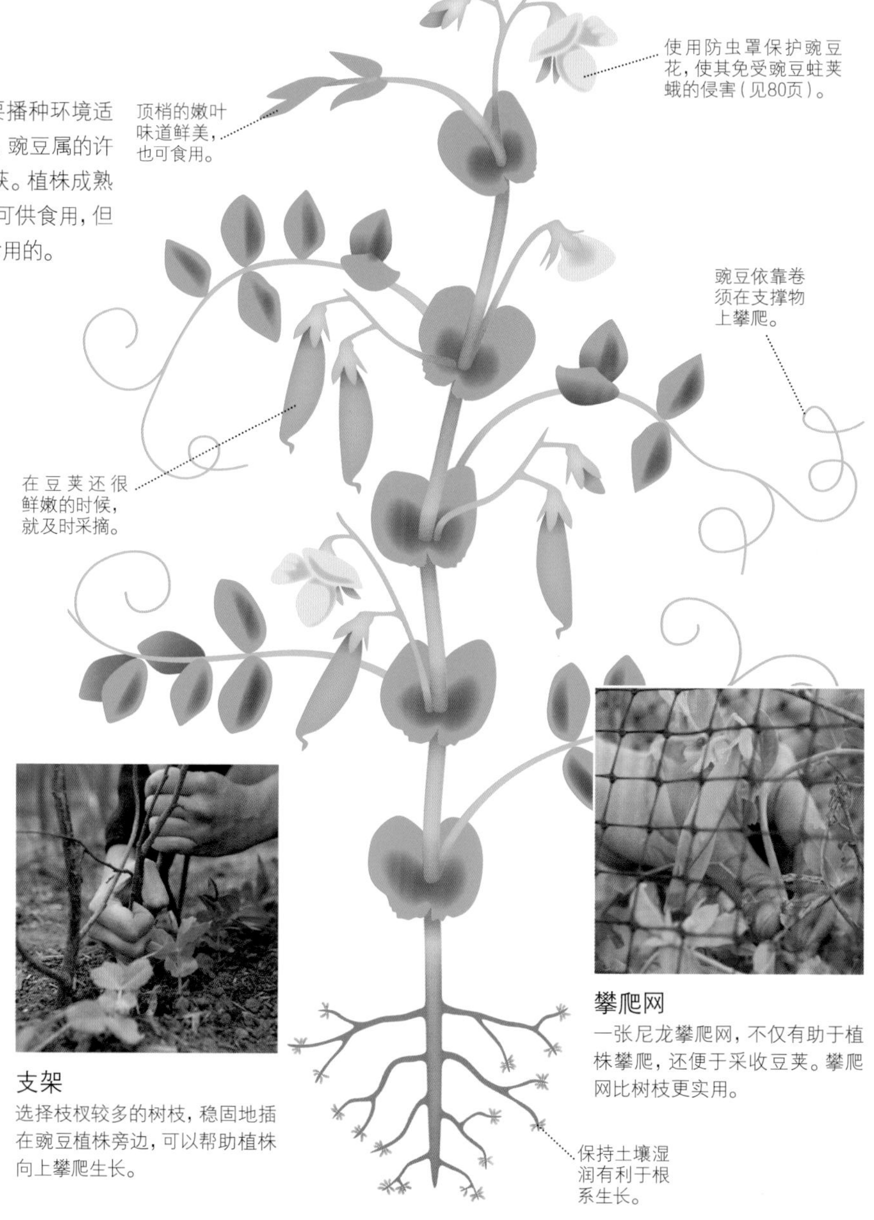

支架

选择枝杈较多的树枝，稳固地插在豌豆植株旁边，可以帮助植株向上攀爬生长。

攀爬网

一张尼龙攀爬网，不仅有助于植株攀爬，还便于采收豆荚。攀爬网比树枝更实用。

菜豆属

菜豆属品种繁多，既有习性强健的矮生品种，也有纤弱柔软的攀缘品种，几乎可以适应各种气候条件和土壤类型。蚕豆习性强健，能在低温环境中萌发，在秋季或初春就可开始种植，而芸豆和红花菜豆喜欢温暖的环境，在霜冻天气彻底结束前，不要尝试栽种。

采摘

及时采摘，可以享用鲜嫩的果实，还可促进植株多结果实。

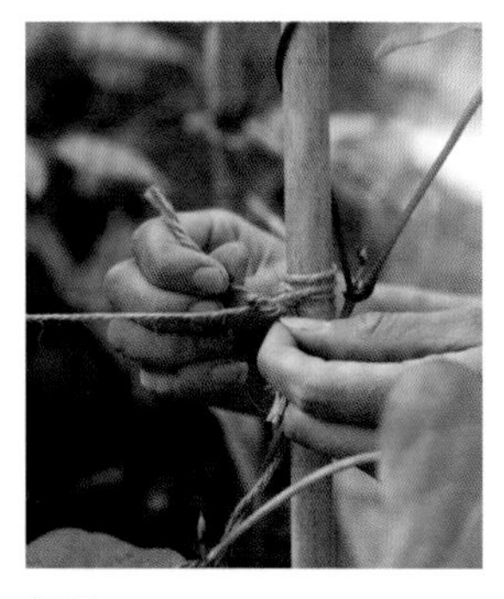

捆扎

使用园艺绳小心地将柔软的嫩茎捆扎在支撑物上，既有助于植株攀爬，也能帮助植株抵御强风。

移植

菜豆属蔬菜的根系很容易受损。因此，在假植时就应该选择深度、宽度合适的花器，避免频繁换盆。一旦霜冻气候结束，尽早将幼苗移植到户外。

菜豆属蔬菜品种

株型矮小的芸豆、红花菜豆，以及蚕豆都适合小花园种植，但是它们也不像其他高大的荚果类那么高产。

红花菜豆

芸 豆

蚕 豆

荚果类蔬菜的异常现象

荚果类蔬菜的种子和幼苗都容易受到病虫害的侵害。在春夏两季，应仔细观察叶片是否有真菌感染的迹象。此外，种植初期要为植株提供坚固的支撑物以抵御强风的侵袭。

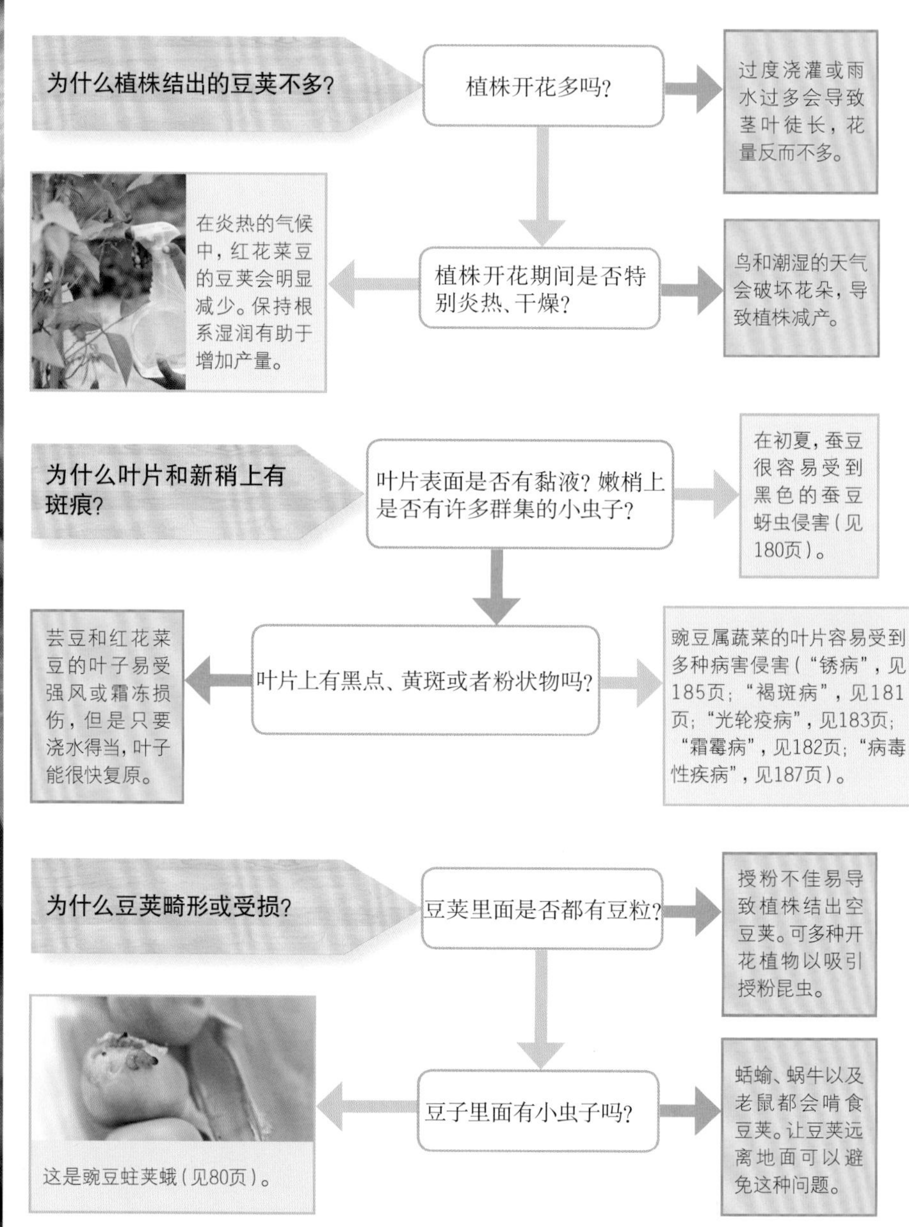

幼苗受损，长势不佳。

是不是天气太冷了？

在寒冷环境中，荚果类蔬菜的生长速度变慢，而且容易受害虫侵害。只能等待好天气的到来。

幼苗的叶片和茎是否被损伤了？

可能是豆籽蝇造成的（见181页）。

幼苗是否在萌发初期就出现了受损的状况？

可能是蛞蝓、蜗牛或老鼠造成的。

植株在移植到户外前是否足够强健（“耐寒训练”，见41页）？

为什么种子不发芽？

天气是否太冷或太潮湿？

种子还埋在土里吗？会不会已经被老鼠偷吃了？

荚果类蔬菜的种子在积水的土壤中会腐烂。除了蚕豆，几乎所有荚果类蔬菜都需要温暖的环境才能萌发。

植株长势不佳，不够强健。

种植前是否进行过土壤改良工作？

荚果类蔬菜都喜欢肥沃的土壤，在种植前要向土壤中添加大量的有机堆肥（“改良土壤”，见39页）。

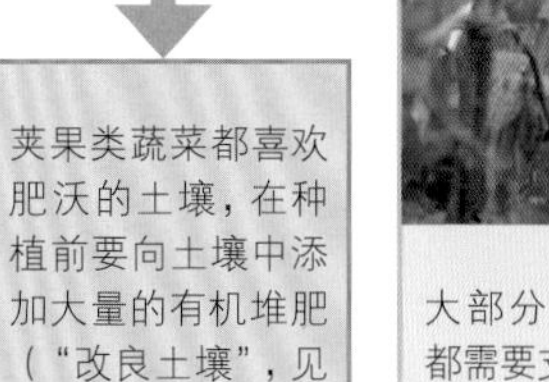

大部分荚果类蔬菜都需要支撑物才能健康生长（见80页）。

叶片出现被啃食的痕迹。

最近是否刮过强风？

可能是象鼻虫或蜗牛造成的。

强风会使芸豆和红花菜豆的茎叶受损。

荚果类蔬菜诊所

荚果类蔬菜在适宜的生长环境中具有强健的复原能力，即使受到病虫害危害，也会有不错的产量。但幼苗阶段的植株较为脆弱，需要为它们提供防寒保暖的保护措施，还要注意防范虫害。

是老鼠在侵害植株吗？

植株近地面的部分出现了被啃食的痕迹和小洞，这很可能就是饥饿的老鼠干的。它们特别喜欢鲜嫩的豆荚和嫩枝，可以在一夜之间祸害花园中所有的荚果类蔬菜（见183页）。

Q 是豆籽蝇在侵害蔬菜吗？

A 芸豆和红花菜豆的幼苗出现了被啃食的褐色痕迹，而且叶片变得破破烂烂的，就有可能是豆籽蝇造成的。白色的豆籽蝇幼虫在地下啃食植物，会造成植株长势不佳甚至死亡（见181页）。

Q 黑色的蚕豆蚜虫会造成严重危害吗？

A 蚕豆蚜虫在夏季喜欢啃食荚果类蔬菜的顶梢嫩枝，使植株长势变弱，无法结出豆荚。当植株长出了第一个豆荚，就可以将随后长出的所有嫩枝掐掉，以免吸引这些害虫（见180页）。

健康的豆荚

没有支撑物辅助的荚果类蔬菜

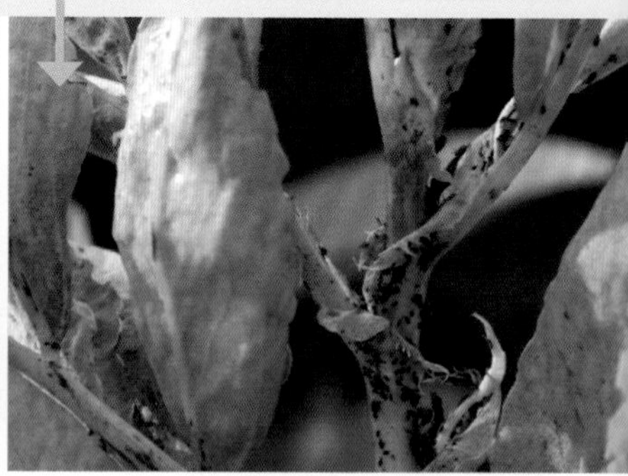

蚕豆蚜虫

Q 如何辨别豌豆蛀荚蛾？

A 在豆荚上经常可以发现一种虫体奶油色，头部为黑色的蠕虫的踪影，这就是豌豆蛀荚蛾的幼虫。夏季成虫会在花朵上产卵。调整播种或移植时间，避免植株在夏季开花，就可以有效降低感染豌豆蛀荚蛾的几率（见184页）。

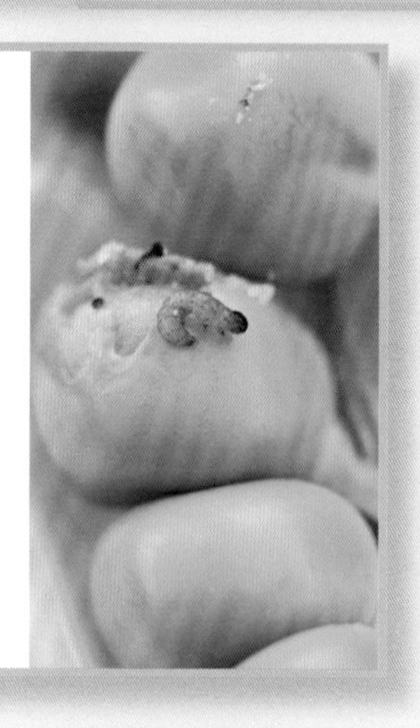

Q 如何防止荚果类蔬菜倒伏？

A 无论是只有膝盖那么高的矮生品种，还是高大的攀缘品种，几乎所有荚果类蔬菜需要支撑物的辅助，帮助它们直立生长。荚果类蔬菜的卷须需要足够的攀缘空间，枝杈较多的树枝或是尼龙网都是很好的支撑物，而且尼龙网更适合荚果类蔬菜攀爬。

诊断表

症状	诊断
蚕豆的叶片上出现了**圆形的褐色斑点**，这些斑点可能会进一步扩大。茎、豆荚和花上都可能出现类似症状。	**蚕豆褐斑病**是一种常见的真菌感染疾病，可以使植株减产，严重的甚至会导致植株死亡。在潮湿且土壤排水性差的环境中，病情恶化速度明显加快（见181页）。
 蚕豆、芸豆和红花菜豆的叶片上出现了**橘红色或褐色的脓疱**，有时还会出现丛生的孢子状物质。茎和豆荚也可能出现类似症状。	**锈病**是常见的真菌感染类疾病，尤其是在温暖、潮湿的夏季。病情严重时会造成落叶，甚至植株死亡（见185页）。

为什么荚果类蔬菜的叶片破损，而且茎部折损？

A 强风会严重损害芸豆和红花菜豆等荚果类蔬菜的茎、叶。定期将荚果类蔬菜的茎绑扎在支撑物上有助于植株抵御强风。

受损的叶片

健康的博罗特豆（菠罗蒂豆）

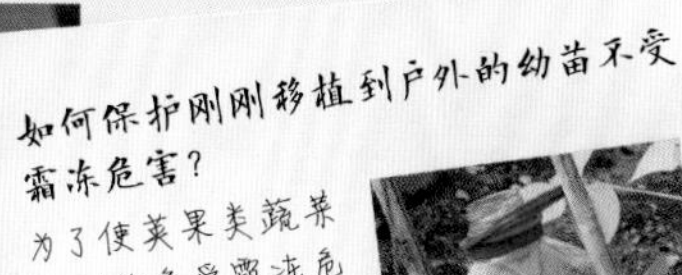

为了使荚果类蔬菜的幼苗免受霜冻危害，可以将废弃的塑料瓶从底部剪断，罩在植株上。记得将瓶盖拧开，保持瓶内的空气流通。

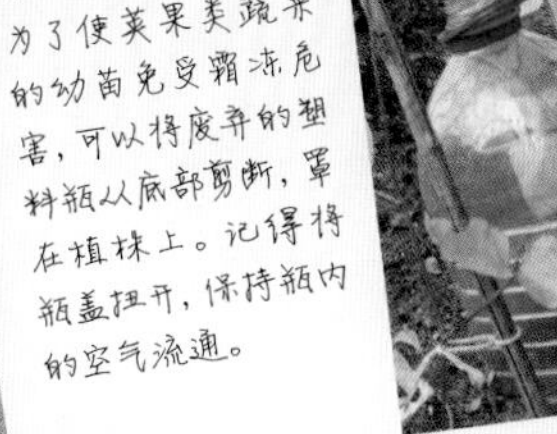

Q 是象鼻虫在危害植株吗？

A 如果植株上出现了"U"型的啃食痕迹，十有八九就是象鼻虫造成的。尽管情况看起来让人担忧，但是这类创口一般不会影响植株的生长。如果浇水得当，即便是受损严重的幼苗也可以很快恢复健康（见184页）。

Q 如何确保荚果类蔬菜都能结出豆荚？

A 鸟喜欢啄食荚果类蔬菜的花，自然就会阻碍豆荚的形成。但白色的花朵往往能够幸免，因此，可以适当多种一些白花品种。炎热干燥的气候也不利于植株结出豆荚，及时浇水并且保持花朵的湿润可以将不利气候的影响降到最小。如果整个豆荚都是空的，很可能是恶劣的气候使花朵授粉没有成功。

白花品种

有规律地浇水

保持花朵湿润

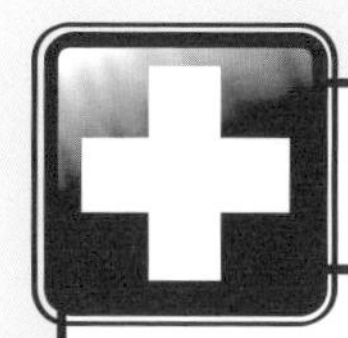

急救

果树

无论是乔木果树还是灌木果树，只要养护得当，都能连续数年获得好收成。因此，了解果树的养护与病虫害防治技术非常重要。接下来，将介绍如何选择果树的正确栽植地点及支撑物，如何针对具体的果树品种进行病虫害防治。此外，还介绍了乔木、灌木等不同果树品种的正确修剪技术，让你在花园里也能成功种植果树，收获新鲜、美味的水果。

如何种植果树

大部分果树的寿命都很长，可以连续多年获得稳定的收成。因地制宜地选择果树品种，可以为日后的收获打下一个好基础。大多数成年果树的株型较大，在种植前就要考虑到它们长成后是什么样子，会占据多大的空间。如果空间有限，可以采取整枝法，引导果树靠着墙壁或栅栏生长，或者将果树种在容器里。

选择合适的品种

最好在专业的苗木市场购买果树苗，因为苗木市场不仅能提供品种丰富、修剪得当的树苗，而且还能根据你花园的实际情况提出宝贵的建议。在面对品种繁多的果树树苗时，专业人士的建议显得尤为重要。

尽量选择本地土生土长或适应性强的品种，它们能更好地适应当地的气候。一些果树在种植后的第二年夏季才能获得第一次丰收。种植这一类的果树时应根据果树的花期确定种植时间，以规避霜冻对花的影响。许多果树品种对病虫害有较强的抵御能力，因此可以连续多年提供稳定的产量。

苗木市场上出售的大部分果树苗都是嫁接苗，目的是为了控制生长范围，以适应小花园的种植需要，方便园丁修剪。有许多砧木类型可供嫁接选择，砧木对嫁接苗的影响各不相同，有的可以矮化嫁接苗，有的可以增强嫁接苗的抗病虫害能力。根据不同的需求选择适合的砧木进行嫁接。此外，还要确认种植的果树是否为自花传粉，也就是说是否为两性花的花粉，对同株植物的雌蕊进行授粉。自然界中自花授粉的植物比较少，更多的是异花授粉。如果是异花授粉，在一定的范围内需要至少两株开花时间相近的果树，才能实现花朵授粉后坐果。

种植浆果果树则要容易得多，因为它们大多为自花授粉，可以单株种植。但也有一些植物，异花授粉的话可以获得更高的产量，如蓝莓。目前，为适应小花园的种植需要，有许多果树新品种被培育出来：株型更矮，产量更大而且抗病虫害能力更强。种植前一定要认真选择适合自己需要的品种。将不同挂果期的果树种在一起，可以延长花园的收获季节。

避免麻烦

购买认证品种 许多国家都会对苗木市场出售的树苗进行品种和健康认证，有些品种的树苗由于抗病性差，在一些国家很难通过认证。例如，在英国，黑醋栗就被认定是一种容易感染病虫害的品种。一定要购买那些经过认证的合格树苗。

何时种植

一般来说，果树幼苗多是以盆栽苗或裸根苗的形式出售，也就是说，在被送到苗木市场出售之前，它们本身就是在户外生长。

裸根苗只有在晚秋到早春才有出售，这时候也是移植树苗的好时机。此时尚未没有结冻，而且由于低温的关系，地面部分的枝叶生长受到了抑制，

避免失望 俗话说“樱桃好吃，树难栽”。在购买果树苗之前，一定要认真调研，确定究竟哪些品种的果树可以在花园中获得较好收获。

这就为树苗的根系赢得自己的“立足之地”提供了良机。

尽管盆栽的果树幼苗全年都有出售，但最好也等到休眠期再进行移植。要避免在夏季种植（或移植）果树，因为炎热、干燥的自然环境会给树苗的成活带来很大的考验。在夏季移植的树苗，必须保证充足的水分供给。

选择正确的种植地点

所有果树都应该种植在全日照的环境中，只有这样才能确保果实的数量与质量。但是，大部分果树尤其是浆果果树在部分遮阴的环境中生长也能结出甜美的果实。需要注意的是，一定不要将果树种植在低洼处，因为那里容易聚集寒气，农业上一般形象地将这种地方称为“霜畦”。早春开花的果树，尤其最容易受到霜冻影响，导致减产。

避免将果树种植在土壤排水状况不佳的地方，这些地方在大雨过后往往容易积水。在种植前，往土壤中掺入粗沙砾或是有机堆肥，可以提高土壤的排水性，或者干脆修建一个简易的排水系统。

自由生长的果树对于很多小花园来说都太大了，可以将它们种植在围墙、栅栏的边上，通过整枝等方法引导果树靠着围墙生长，能有效地节省空间。这些经过修剪整枝的树木看起来株形美观，而且一样可以结出丰硕的果实。如果是在寒冷地区，将果树种植在南向或是西向的围墙边，就可以获得更多的热量，有利于提高果实产量。整枝修剪的另一个优点是方便用园艺布遮盖果树，在开花期，在开花期，为果树遮盖园艺布可以保护花朵免受霜冻的影响，为丰收打下基础，对于桃树这样花期较早的植物，效果尤为明显。

如果种植地之前发生过病虫害，就不要再将类似的品种种在同一个地点以免重复感染。例如，为了降低草莓感染病毒以及其他疾病的几率，每隔3~4年就要为草莓换一个全新的种植地点。

避免麻烦

成片栽植 一般来说，果树在花园中都是集中种植的，成片栽植果树对于防止鸟类啄食也有实际意义。在种植时，就应该考虑到将来需要用防鸟网将整片果树覆盖起来。这比给一株株果树去覆盖防鸟网效果好得多，工作量也小得多，也更便于采摘。

土壤的准备工作

浆果果树的高产期可以维持10年之久，乔木类果树的高产期更长，一般可以达到数十年。所以，在种植前认真改良土壤是一件事半功倍的事情。土壤改良工作最好在秋季进行，先彻底清理杂草，确保所有多年生的杂草都被连根拔除。乔木果树需要一个长宽高各1米的种植坑，灌木类果树的种植坑可以略小。挖掘种植坑时要清除所有坚硬的土块，防止影响土壤的排水性。最后，向种植坑中倒入彻底腐熟的有机肥，它们可以有效改善土壤结构。

大部分的果树都喜欢微酸性的土壤条件，但是蓝莓需要pH值为4.0~5.5的土壤。在种植果树苗之前，可以撒入酸性堆肥。如果花园中的土壤都不是酸性土，可以盆栽种植蓝莓。

如何种植果树

提前改良土壤，使之适合果树生长，然后就可以开始种植工作。解开裸根苗的包裹物，修整根系，剪断过长、干枯和折损的须根，上部的枝叶也根据同样的原则进行修剪。然后，将裸根苗浸泡在水中约1小时。浸泡完毕后，不要让根系暴露在空气中，用园艺布将根系包起来。种植在盆器中的树苗也要彻底润湿，使整个土球都饱含水分。

乔木果树的种植 首先在选定的种植点上插一根木棍，然后开始挖掘种植坑，种植坑的大小以能容纳树苗的根系即可。果树幼苗一般都是种植在容器中，种植的时候一定要保证土球的表面与土壤表面齐平（裸根苗的种植见下图），小心地梳理土球外侧的根系，并将树干尽量靠近木棍，一定要保证嫁接点露在土壤外面。回填土壤后将土壤踩实，并保证树干笔直并将树干与木棍捆扎在一起，浇一次透水。最后，用彻底腐熟的厩肥覆盖种植坑表面，但厩肥不要与树干直接接触。

灌木果树的种植 灌木果树的种植方法与乔木类果树相同，但所需要的种植坑一般较小，而且不需要木棍的支撑。树莓与黑莓的根系较浅，经常是以裸根的形式出售，挖掘种植坑时一定要确保植物的根系能够在坑内完全展开，种植深度的把握与乔木类果树一样。有时为了促使黑醋栗等植物从根部抽出更多的强壮的节茎，种植坑可以再深5厘米左右。

如何种植裸根苗

裸根苗的种植与带土球树苗的种植略有不同。从苗木市场购买裸根苗后应该尽快种植，以防根系失去活力。种植果树裸根苗与观赏植物裸根苗的技术要领基本类似。裸根苗的最佳种植时间介于秋季至翌年春季之间。

1 **横平竖直** 在种植坑底部堆个小土堆，将树苗的根系展开，均匀铺在土堆上，使树苗的种植深度与此前在苗木市场的深度保持一致。

2 **回填** 小心地向种植坑内回填土壤，土壤要填实、压紧，不留任何空隙。回填完毕后，用脚将种植坑表面的土壤踩实。

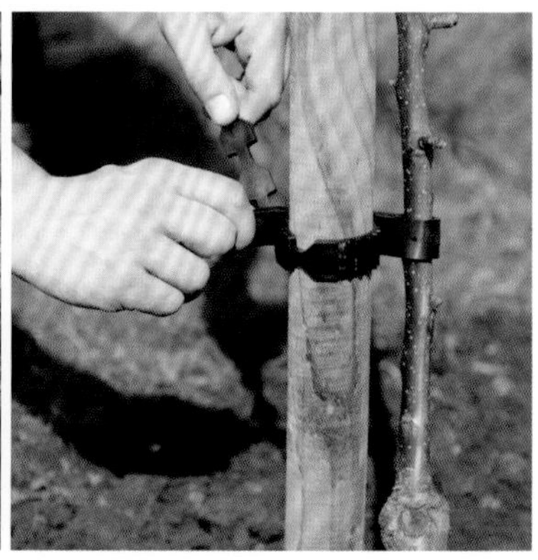

3 **支撑** 在树干旁边插入一根木棍，并将树干与木棍系在一起。裸根苗容易缺水，因此种植后的头一年内，切忌缺水。

（右图）**灌木果树的支撑** 一些灌木果树的果实很沉，如果不设置支撑物很容易造成枝干折损。

（右图）**乔木果树的支撑** 在乔木果树的根系彻底长好之前，使用木棍作为支撑物来支撑树干十分必要。每年都要根据果树的生长情况调整绑扎位置。

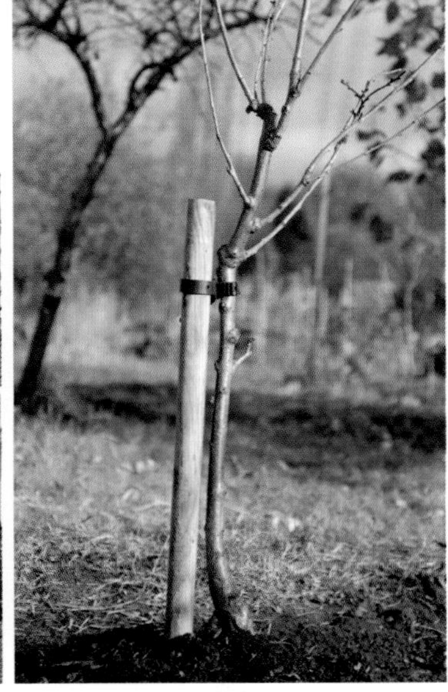

草莓的种植 草莓只有在肥沃的土壤中才能获得好收成，所以种植前一定要使用花园堆肥或腐熟的厩肥改良土壤。无论是购买带土球的草莓种苗还是裸根苗，挖掘种植坑时一定要注意保护植株冠部，因为草莓是从冠部贴着土壤水平长出叶片的。如果种植坑过深，冠部可能会腐烂；如果过浅，幼苗则可能会因干旱缺水而死亡。每一株幼苗都要种在单独的种植坑，将根系小心地在坑内铺开，再轻轻地回填土壤，浇一次透水。

固定果树

所有果树都需要支撑物，以防受强风伤害，尤其是刚刚移植的果树，强风容易导致它们的浅根受损。支撑物最好选择坚硬、笔直不易腐烂的木棍。木棍的长度取决于所种果树长成后的树干长度，至少要达到成年果树最低的树杈处。木棍埋入土壤中的深度约为50厘米。

使用布条等柔软的材料将树干与木棍系在一起，还可以在捆扎物与树干之间加一个软垫，防止擦伤。如果树苗太大，可以在树干两侧各立一根木棍，中间用横木相连，将树干与横木系在一起。这种方式同样适用于那些因为树木根系土球过大，无法将树干与木棍贴在一起的情况。

果树如果被嫁接在矮小的砧木上，就必须使用木棍作为辅助，一般4~5年后就可以将木棍撤除。

乔木果树与灌木果树的支撑

通过整枝使果树紧贴围墙或是栅栏生长，这种种植方式特别适合小花园。樱桃、李子等的核果类果树可以修剪成扇形，而苹果和梨则可以修剪成单干形果树。要想修剪出优雅的株型，可以用坚固的镀锌铁丝，将果树的枝条按照一定距离水平固定在栅栏或是墙边。如果是固定在栅栏上，枝条之间的距离应保持在60厘米左右；如果想种植成树墙，距离可以缩短到40厘米；如果想将果树整枝为扇状，主枝间的距离应为15厘米左右。捆扎镀锌铁丝不是一项轻松的工作，但是铁丝可以确保枝条顺着预

避免麻烦

空间 为果树提供充足的生长空间能够避免果树互相争夺养分，也有利于它们长成优雅的树形。树木之间保持足够的距离，还有利于空气流通，降低病虫害发病几率。

几种乔木类果树的推荐种植间距：

李树	3~3.5米
苹果树或梨树	3~4.5米
樱桃	4.5米
桃树	4.5米

几种灌木类果树的推荐种植间距：

草莓	40厘米
覆盆子	45厘米
红浆果	1.5米
醋栗树	1.5米
蓝莓	1.5米
黑加仑	2.4米
黑莓	1.8米

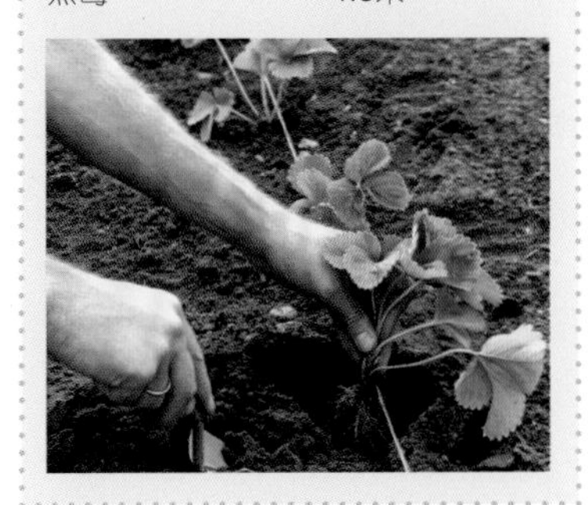

期的方向生长，而且一旦捆扎完毕，就不再需要任何维护。

醋栗与白加仑也可以使用这种整枝方法，在矮墙或是栅栏边种植会有较好的效果，因为这类植物的生长高度并不高，只需要为藤茎寻找支撑物。

覆盆子、黑莓等节茎类果树一般较难打理，因为它们的节茎长而无序，需要及时修剪、捆扎、支撑，以保持整洁、利索的株型，也有利于采摘果实。覆盆子可以直接捆扎在1.8米高的柱子上，但一般使用镀锌钢丝绳水平捆扎其长节茎，这样有利于果实生长与采摘。这一类的固定方式尤其适合长节茎的植物，例如黑莓等。在花园空间有限的情况下，矮墙和栅栏也可以用作固定节茎的支撑物。

盆栽果树

大部分的果树在容器中也能生长得很好，而且受限于容器的大小，果树不会像露地种植那样长得过于高大，特别适合小花园。虽然株型较小会影响果实产量，但盆栽种植也有许多优势：便于将果树移动到光照良好的区域，也有利于采取保护措施防止果树感染病虫害。

容器 种植容器的直径不应超过树苗土球直径10厘米。每年都要为树苗更换稍大一点的种植容器，直到果树长成成年植株。选购容器时除了美观，还要考虑排水问题。如果盆底只有一两个排水口，就要用碎瓦片倒扣在上面，以防被土壤堵塞，影响排水。

混合堆肥 盆栽的一个优势在于更换土壤较为便捷。无论是乔木类还是灌木类果树都喜欢富含腐殖质的土壤，这类种植土保水、保肥能力较强，而且质地较重，容器不容易被吹翻。

蓝莓需要在偏酸性土壤中才能生长旺盛，添加pH值在4.0～5.5的堆肥有利于它们的生长。草莓的结果期较短，所以在任何通用的栽培介质中都能生长良好。

种植 首先，将盆土彻底润湿或提前浸泡裸根苗。在盆底先铺一层粗沙砾，以提高容器的排水性，然后再填充种植土。种植树苗时，要将根系附近的土壤填实、压紧，使植株能稳稳地立于盆中。土面应略低于花盆边沿，以便浇水。最后，浇一次透水，以利于根系生长。

所有在盆栽的果树都需要定期浇水、施肥，尤其需要含钾液肥，如西红柿专用肥等。在坐果期，一般每两周施一次肥，直到果实成熟。定期更换容器内的表层土，并定期添加新的有机堆肥或腐熟的厩肥，以充分保证植物生长所需的营养。

与户外种植的果树相比，在盆栽果树，无论是乔木还是灌木，修剪、整枝的工作量都大大减少，只需要进行基本修剪即可。

及时浇水 种植在花器中的苗木容易缺水，尤其在盛花期或挂果期。缺水会造成果树严重减产，果实品质也将大打折扣。

避免麻烦

可以在容器中种植嫁接苗木。尽管你希望盆栽的果树越小越好，但往往事与愿违。一些专门培育的矮生型果树对生长环境的要求十分苛刻，往往无法在容器中生长。最好选择一些习性强健的嫁接苗种植在容器中，这样既能将株型控制在一定规模，又不影响最终的收获。

需要注意的问题

果树尤其是浆果植物挂果后，鸟就成为了主要的防范对象。如果没有提前使用防鸟网保护果树，大部分果实都会被鸟啄食。鸟类啄食留下的创口，还会引来黄蜂或导致果实感染褐腐病。所以，一定要及时采摘成熟的果实。

许多果树的开花期都面临着晚霜的威胁。晚霜会冻伤花朵，导致果树减产甚至绝收。覆盖园艺布能够抵御霜冻伤害。天气潮湿也会影响花朵传粉，还会诱发灰霉病（见183页）。

果树都面临着一些病虫害的威胁，其中，真菌和细菌感染类疾病是应该警惕的主要对象。（“果树诊所”，见94~97页；“浆果植物诊所”，见104~105页）。

日常养护

只要满足果树的基本生长需求，果树栽培的技术难度并不大。如果在花园里种植了多种果树，建立一套日常养护程序就十分必要。

浇水

在果树生长期，如果气候炎热干燥，要注意刚种植的果树的水分供给。浇水时应将种植坑彻底浇透，使水分渗透到土壤深处，促进根系的生长。在干旱地区，定期大量浇灌有助于提高果实产量。

施肥

在早春，适当施加复合肥有利于果树的生长。也可以在幼苗的基部覆盖彻底腐熟的厩肥或堆肥，但是不要让肥料与树干直接接触。

除草与花园清洁

及时清除野草能避免它们与果树争夺养分，还能减少果树发生病虫害的几率。在种植后的4年内，尽量保证果树周边没有野草生长，否则不利于果树根系的生长。将落果与落叶耙在一起，如果是受到病虫害侵害掉落的叶片要进行焚烧处理，以杜绝下一年复发。果树上的所有果实，无论大小，在收获季后都应全部采摘下来。

修剪

在正确的时间进行正确的修剪，是丰收的必要条件。修剪时，要使用干净、锋利的专业修剪工具，剪除所有的病枝、枯枝和长势较弱的枝条，使空气能够流通，光线能够照射进枝条内部。

病虫害

在果实尚未成熟时，就要使用防虫网保护浆果免受鸟类的啄食。初冬至早春，为整枝成扇形的桃树覆盖透明的塑料布，可以预防桃树缩叶病（见184页）。松白条尺蠖蛾会顺着树干攀爬并产下虫卵，可以在树干距离地面50厘米处缠一圈胶带，阻止它们爬上树干。晚春至夏末，在苹果树和李子树上悬挂黄色粘虫板或其他捕虫器，可以吸引小卷蛾和李树蛾，防止它们交配繁殖。

移植草莓

种植多年的草莓会因土壤中的病菌而减产。最好每隔几年将草莓带土球挖出，移植到全新的区域。

避免麻烦

日常养护 平日经常对果树进行养护，能够起到事半功倍的效果，也可以帮助果树抵御病虫害，保证果树的健康生长。定期维护还有助于在第一时间发现问题。

乔木果树

乔木果树较为高大，株型优雅，春季花开不断，而且果实的颜色丰富多彩。因此，乔木果树除了可以提供美味的果实外，也是花园里的一道风景。乔木果树的最佳种植时间介于冬季到早春之间，健康的乔木果树大多都很高产。如果花园空间有限，可以将它们嫁接在矮壮的砧木上，以便盆栽，或者利用整枝技术，直接种植在墙壁旁。

核果类果树

果树的果实都有坚硬的内核。一般需要全日照的环境。种植在南向围墙边可以使它们获得更多的光照和热量，促进果实成熟。一些自花果实的品种即便只种植单株，也能结出丰硕的果实。

开花

春季开花的果树容易受到晚霜危害。在夜间，用园艺布覆盖修剪成扇形的桃树能帮助桃树抵御霜冻。

核果类果树品种

这类果树的果实成熟期短，果皮薄嫩，成熟后应及时采摘。如果当年产量特别高，可以密封保存果实或者将果实制作成果酱。

李子

樱桃

毛桃

油桃

仁果类果树

苹果和梨都有柔软的果仁和能够对果肉起到很好的保护作用的果皮。大部分仁果类果树都需要同时种植雌株与雄株。但是异花授粉植物无花果较为特殊，即便是单株种植也可以结出许多甜美的果实。

无花果

无花果喜欢高温环境，一般修剪成扇形，种植在南向的墙边。为了促使多结果，应将植株种在较大的种植坑内。覆盖园艺布可以保护幼小的越冬果实不受寒冷的气候损害，或将盆栽的果树移到室内。

果实的贮存

苹果和梨的果皮较厚，可以贮存数月。把它们摆放在冷凉，无霜冻的地方即可。

仁果类果树品种

这类果树品种繁多。最好栽种本地品种，不仅可以提高产量，还可以减轻后期养护工作。

枇 杷

苹 果

梨

乔木果树的异常现象

尽管乔木果树容易受很多病虫害危害，但是如果从春季开花开始一直到深秋叶片落尽，乔木果树都能得到细致的养护管理，那么任何病虫害都不会构成太大威胁。

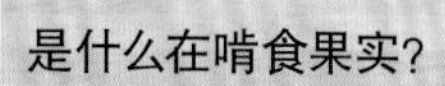

是什么在啃食果实？

从外面开始啃食的吗？

从里面开始蛀蚀的吗？

许多害虫都会从果实内部开始蛀蚀果实（“苹果小卷蛾”，见97页；“苹果叶蜂”，见97页；“梨瘿蚊”，见96页；“李子蛾”，见97页；“叶蜂”，见186页）。

使用防鸟网了吗？

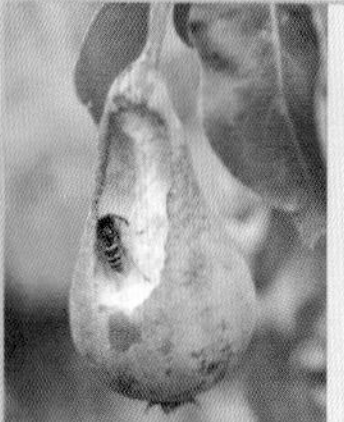

也许是大黄蜂，它们可以在果实上啃出大洞（见97页）。松白条尺蠖蛾也可能是凶手（见94页）。

鸟可能是凶手（见97页）。

新叶尤其是顶梢的嫩叶变形。

夜晚气温是不是很低？

春季的霜冻会影响果树生长，使枝叶萎蔫。

叶子上是不是有很多小虫子？

可能是盲蝽（见181页）或苹果白粉病（见185页）。

很可能是蚜虫引起的（见95页）。

为什么果树从顶梢开始枯萎？

枯萎的枝干上有没有结痂的创口或感染病害的迹象？

可能是枯萎病（见97页）；干旱（见94页）；火疫病（见97页）；蜜环菌病（见183页）。

可能是苹果腐烂病或细菌性溃疡病（见97页）。

为什么苹果和梨的表面上布满了斑点萎？

果实表面布满了斑点的诱因有很多，但一般不会影响食用。（“苹果、梨黑星病”，见96页；“苹果腐烂病”，见96页；苦痘病，见94页；“褐腐病”，见95页）。

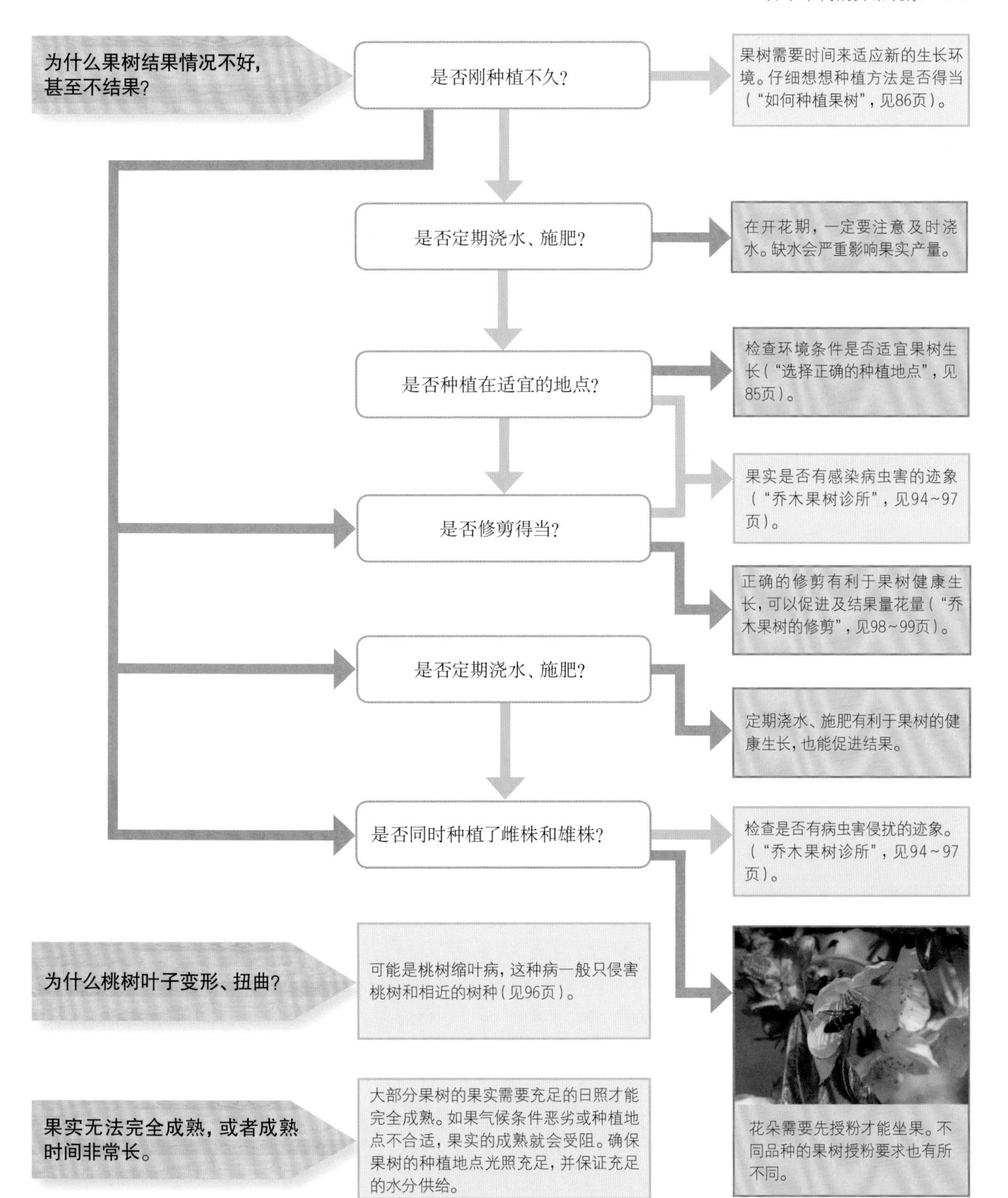
为什么果树结果情况不好，甚至不结果？
是否刚种植不久？
果树需要时间来适应新的生长环境。仔细想想种植方法是否得当（“如何种植果树”，见86页）。
是否定期浇水、施肥？
在开花期，一定要注意及时浇水。缺水会严重影响果实产量。
是否种植在适宜的地点？
检查环境条件是否适宜果树生长（“选择正确的种植地点”，见85页）。
果实是否有感染病虫害的迹象（“乔木果树诊所”，见94~97页）。
是否修剪得当？
正确的修剪有利于果树健康生长，可以促进及结果量花量（“乔木果树的修剪”，见98~99页）。
是否定期浇水、施肥？
定期浇水、施肥有利于果树的健康生长，也能促进结果。
是否同时种植了雌株和雄株？
检查是否有病虫害侵扰的迹象。（“乔木果树诊所”，见94~97页）。
花朵需要先授粉才能坐果。不同品种的果树授粉要求也有所不同。
为什么桃树叶子变形、扭曲？
可能是桃树缩叶病，这种病一般只侵害桃树和相近的树种（见96页）。
果实无法完全成熟，或者成熟时间非常长。
大部分果树的果实需要充足的日照才能完全成熟。如果气候条件恶劣或种植地点不合适，果实的成熟就会受阻。确保果树的种植地点光照充足，并保证充足的水分供给。

乔木果树诊所

乔木果树较为高大，产量较高，抗病虫害能力也较强，轻微的病虫害不会造成太大威胁。但是，如果出现一些严重的病虫害迹象就需要关注，一旦发现感染症状，就要在果树及果实受到严重危害之前及时处理。

为何果树开花之后不坐果？

有时候果树开花很多，但之后结果却很少，甚至不结果，这一般是恶劣的气候造成的。霜冻会对花朵造成严重的伤害，从而影响果树结果。另外，阴冷、潮湿的气候不利于授粉，同样会影响果树结果。

Q 为什么今年结的果实个头特别小？

A 水分充足时，果实才能健康成长。如果生长环境过于干旱，果树会严重减产。果树结果过多时也会出现果实平均个头不大的情况。适当地摘掉一些小果实，以确保大部分果实享有充足的营养。

Q 为什么一些个头较小的果实经常自然脱落？

A 苹果和梨具有自我疏果能力，会将长势较弱或出现病虫害的果实脱落下来，为正常生长的果实提供生长空间和充足的营养。农业上将这种现象称为“六月落果”。

健康的梨

水分充足的苹果

脱落的果实

Q 如何辨别松白条尺蠖蛾？

A 在早春，松白条尺蠖蛾的幼虫会在树叶上留下圆形的蛀蚀痕迹。这种黄绿色，长约2.5厘米的食叶害虫一般躲藏在叶片间，喜欢吐丝下垂，民间将其形象地称为“吊死鬼”。它们繁殖速度快，喜欢啃食树叶和花，会使果树严重减产（见187页）。

Q 如何判断苹果树是否感染了苦痘病？

A 右边这个苹果就是感染了苦痘病，症状是苹果表皮有黑色的斑点。果实还未采摘或是贮存期间都可能个人苦痘病。苦痘病多数是因干旱使得根系无法从土壤中吸收养分，导致果树缺钙引起的。

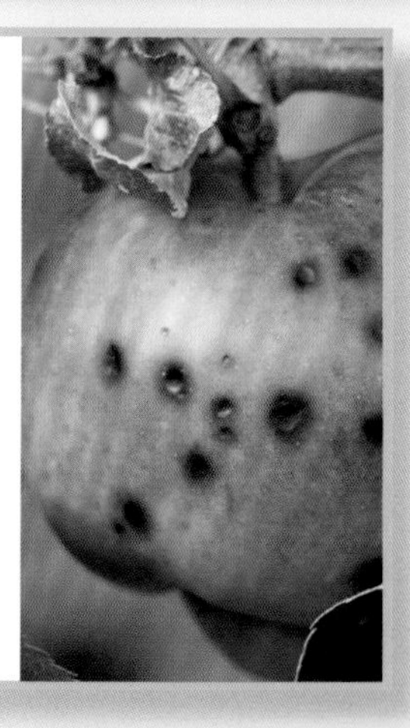

Q 蚜虫会对果树造成严重损害吗？

A 蚜虫以吸食嫩叶（芽）汁液为生，造成叶片变形、扭曲，使植株长势变弱。严重时，还可能导致果树感染煤污病（“蚜虫”，见180页；“煤污病”，见186页）。

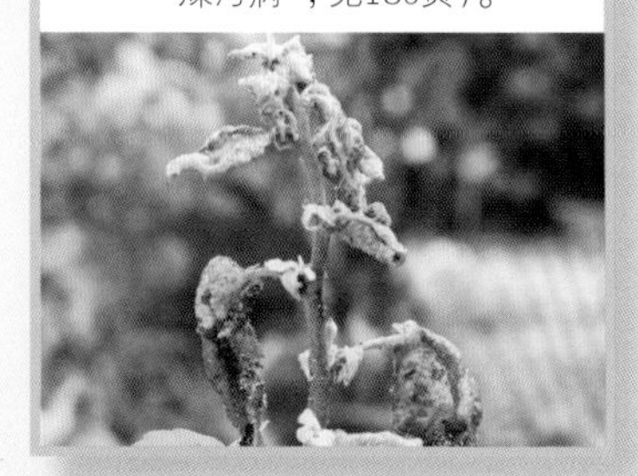

Q 樱桃树的叶子出现了什么问题？

A 在春夏季，樱桃叶子会出现褐色的斑点和小洞，这可能是由真菌或细菌所致的穿孔病。而感染了银叶病的李树、樱桃树叶片表面会变成银色，病菌会通过虫蛀的创口或修剪切口进入树体内部，春季是该病高发期。染病树枝很快就会枯萎，如果病情严重可能会造成果树死亡（“穿孔病”，见186页；“银叶病”，见186页）。

穿孔病

银叶病

腐烂的水果

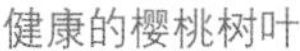

健康的樱桃树叶

Q 果树是否感染了褐腐病？

A 褐色的斑点一般是真菌感染的症状，斑点会不断扩大，果实也会腐烂。褐腐病病菌会随着水传播，如果果实表皮有破损就更容易被感染。腐烂的果实会自动脱落或在枝头枯萎（见181页）。

Q 为什么一些枝干出现了橘色斑点？

A 这些颜色鲜艳的脓包是由真菌感染所致的珊瑚斑病造成的，枯枝、病枝尤其容易感染，病情会迅速向健康枝条扩散（见182页）。

Q 为什么果树看起来长势不佳？

A 土壤中的许多养分都会随着浇灌逐渐流失，此外，气候过于干旱或是土壤酸碱度失衡，果树的根系也很难从土壤中吸取所需养分。乔木果树叶片发黄、花量减少、果实偏小以及长势变弱等都是养分不足的表现（“营养元素缺乏症”，见184页）。

Q 梨树幼果是被梨瘿蚊啃食的吗？

A 晚春至初夏，梨树结出的小果实容易受到梨瘿蚊的侵害，导致果实从基部变黑，脱落。严重时，大部分甚至所有的果实都会染病。梨瘿蚊在果实内部啃食果肉为生，随着果实脱落进入地下越冬，来年会继续危害果树（见184页）。

Q 如何辨别苹果和梨的黑星病？

A 这种真菌感染疾病会在果实表面留下黑斑，使果实变形或爆裂、腐烂。受感染的叶片也会出现类似症状（见180页）。

Q 果树感染了什么疾病？

A 苹果霉菌病和梨腐烂病会导致果树枝叶变形扭曲，树皮凹陷。樱桃和李子树叶片带洞，树枝低垂并渗出液体则表明果树已受细菌腐蚀出现溃疡（见180页）。

健康的油桃

健康的苹果叶片

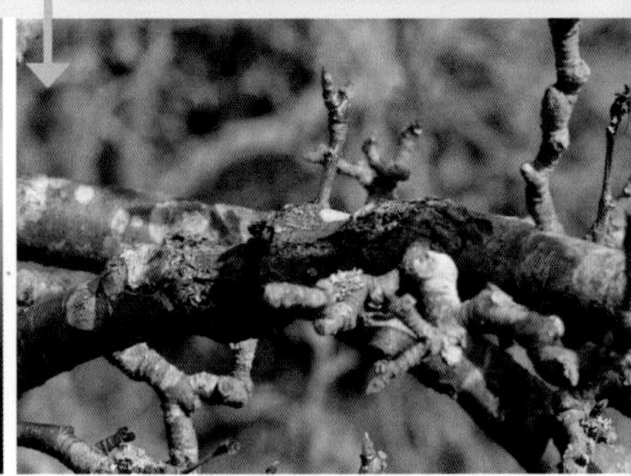

感染苹果腐烂病的树枝

Q 这是桃树缩叶病的症状吗？

A 如果桃树叶片变得扭曲、起水泡，随后变成明亮的红色或紫色，就可能是桃树缩叶病（见184页）。这种真菌性疾病多在早春发病，导致桃树过早落叶，长势变弱。

Q 为什么苹果树的叶子发白？

A 春季，苹果树新长出的嫩叶发白，表面还覆盖着粉状的真菌，这可能是苹果霜霉病造成的，梨树也容易感染这种疾病。受感染的枝条长势变弱、畸形，最终还可能枯死（“霜霉病”，见183页）。

Q 花朵枯萎病是否会导致果树枝叶枯萎？

A 花朵枯萎病是一种真菌性疾病，会危害苹果、桃树、樱桃和梨树等果树。患病植株不仅花朵会萎蔫，临近的枝叶也会逐渐变成褐色，最终枯萎死亡但仍挂在树上（见181页）。

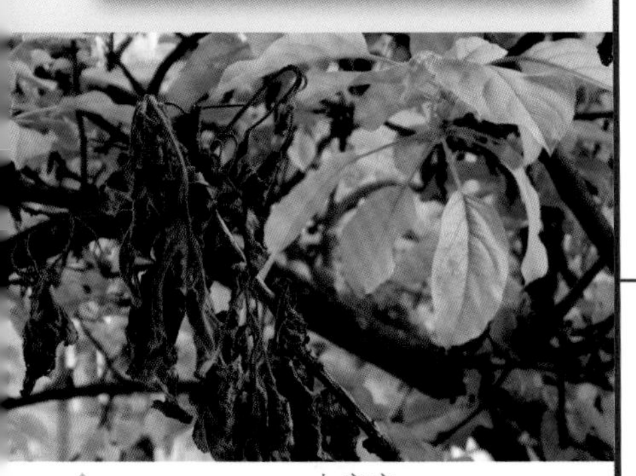

火疫病

Q 果树是否感染了火疫病？

A 火疫病是目前梨树面临的毁灭性病害，除梨以外，还能危害苹果和其他多种蔷薇科植物。火疫病最明显的症状是花序受到侵害，发病的花会传染其他花或花序。新枝感病后首先表现为灰绿色病变，随之整个新梢萎蔫下垂，最后死亡。树皮感病后，感染部位低处变橘红色并凹陷，皮下组织呈水渍状（见182页）。

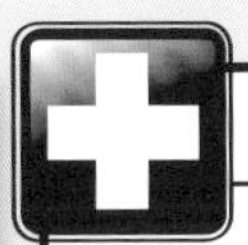

诊断表

	症状	诊断
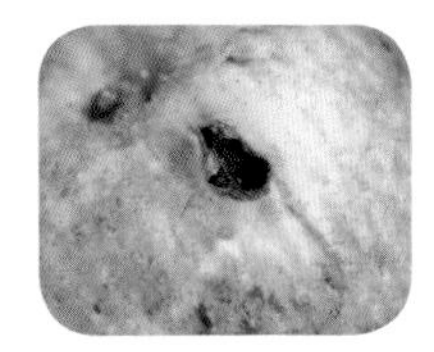	**在夏末或秋初，**苹果和梨的果实上出现小洞。有时候切开果实后，还会在果核中发现白色的虫子。	**苹果蠹蛾的幼虫**喜欢侵害成熟的果实。它们一般躲在树皮中过冬，成虫从晚春至盛夏都会进行交配、产卵（见182页）。
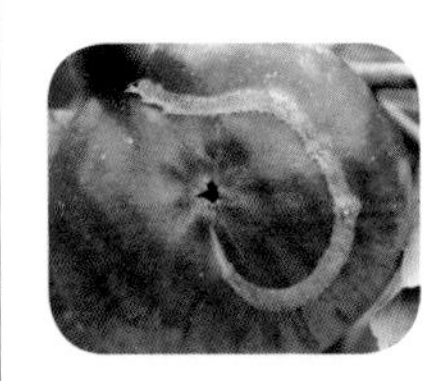	从初夏至盛夏，**苹果树刚结出的果实，表面有明显的虫洞。**等到果实成熟后，果皮表面出现条状伤痕。	**苹果叶蜂**造成的。它们在花上产卵，果实坐果后，孵化出的幼虫进入果实内部，一开始是在皮下活动，最终会侵入果核（见186页）。
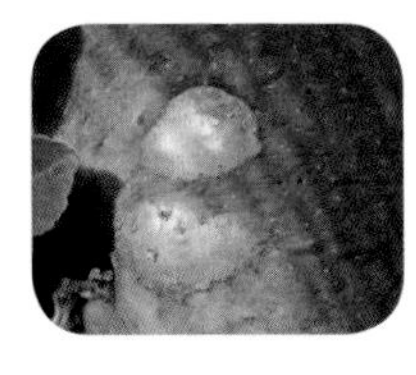	在秋天果实成熟后，苹果表皮出现**棕褐色凸起的粗糙斑痕。**枝叶顶端可能有很多小虫子。	**苹果绿盲蝽**以刺吸式口器危害苹果、石榴的幼芽、嫩叶以及果实。受害的幼嫩芽、叶后期变成黑色，局部组织皱缩死亡。幼果受害后，果皮上出现黑褐色水渍状斑点，果实僵化脱落。幸运的是，苹果绿盲蝽对果实的危害一般仅限于表面，成熟的果实还是可以食用的。
	在夏季，成熟的果实例如梨、李子和苹果的**表面出现粗糙的圆洞。**随着果肉被不断啃食，圆洞会逐渐变大。	成熟的水果对**黄蜂**有着难以抗拒的吸引力。它们要么直接啃食水果，要么顺着鸟的啄痕向果实内部侵蚀（见187页）。
	**樱桃这类小果实**有时候会突然消失，而苹果、李子、梨这类较大的果实表面则出现大块的啄痕，果皮被完全扯开。	只有**鸟类**才具有这么强大的破坏力。它们要么将樱桃这类小果实整个吞下，要么就在苹果、梨的表面留下明显的啄痕，被鸟啄食过的大果实会脱落。
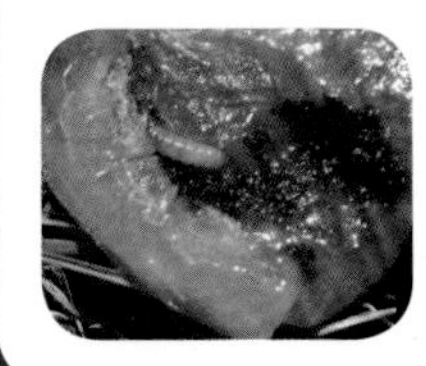	**李子出现早熟现象，**切开后则发现果核附近的果肉变成褐色而且有虫子的排泄物，有时还能看到小虫子活动。虫子多是浅粉色，长约1厘米的蠕虫。	**梅木蛾的幼虫**在夏季被孵化出来，就侵入李子的内部以果肉为食。在冬季，它们躲在树皮里面过冬，为下一年的交配、产卵做准备。

乔木果树的修剪

千万别被“修剪乔木”这几个字唬住了，这工作远比你想像的容易。修剪对于保持果树健康生长、促进挂果和呈现出优美的株型十分重要。选择合适的修剪时机，使用干净、锋利的专业修剪工具进行修剪有助于切口的愈合，防止染病。但过度修剪则会刺激枝叶的生长，抑制结果，所以修剪一定要适时适度。

修剪后需要给切口上药吗？

许多园丁都习惯在修剪后的切口上敷上专门的药剂，认为其能够促进切口愈合。但是，最新研究表明，除了李子和樱桃树需要进行类似的敷药以帮助降低感染银叶病的风险外，其他树木修剪后都不需要进行此项工作（见186页）。

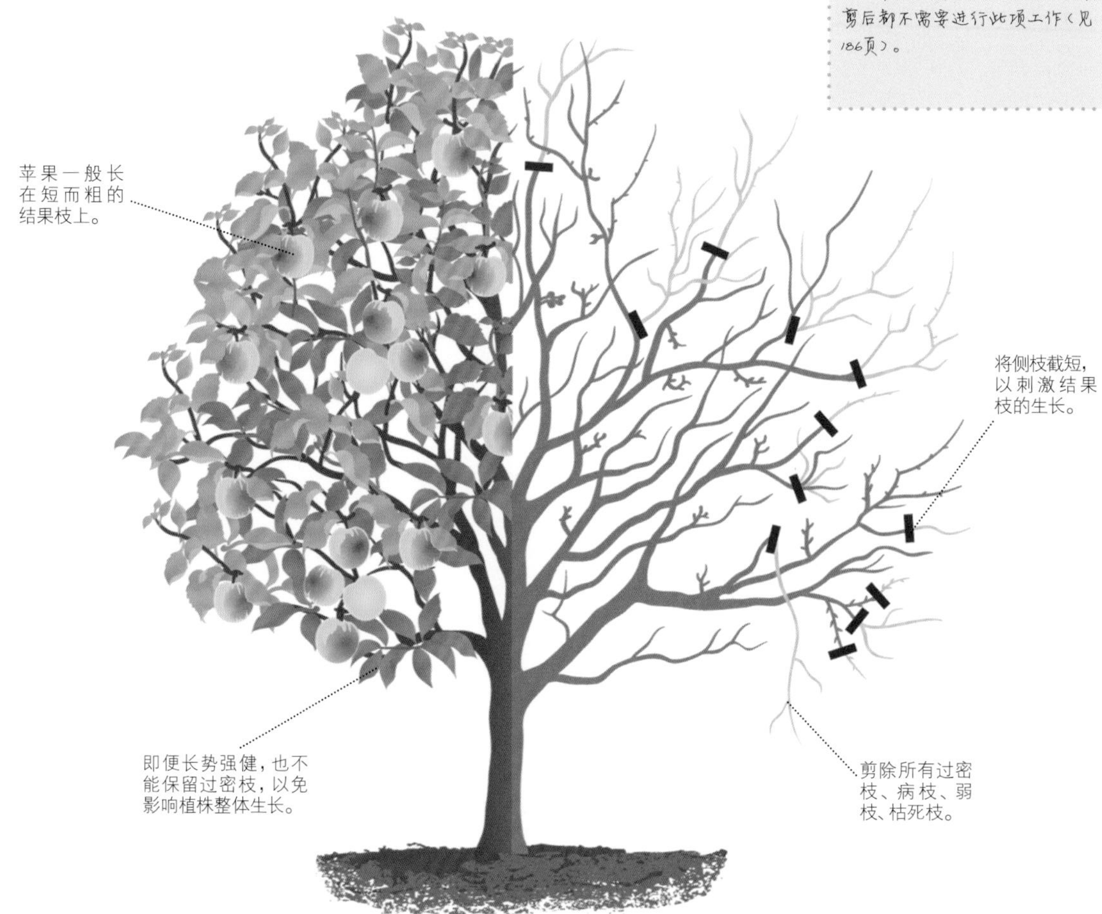

苹果和梨树的修剪

苹果和梨树都需要在冬季叶片落尽之后进行修剪。首先剪除所有的病枝、枯死枝、弱枝和密集枝，这样有利于空气流通和光线的照射。苹果和梨的果实一般都是生长在短而粗的结果枝上，这类枝也被称作“果台”，结果枝一般都是两年树龄的树枝。为了刺激果树长出更多的结果枝，将长侧枝剪短到只留4个芽点的位置，此外将每个主枝的顶部都截短到原有长度的1/3。

樱桃树的修剪

强健的甜樱桃树最好靠墙种植，通过整枝使其呈扇形生长。但酸樱桃树可以按照乔木类果树的方式修剪、种植。酸樱桃树的果实一般结在去年秋天长出的树枝上。为了促进新枝生长，可以在初秋将一些树龄较老的枝条截短至健康的芽点处。甜樱桃树的整枝可以分两次进行，在夏末将侧枝截短至只留6组叶片，在初秋则进一步截短至只留3组叶片。

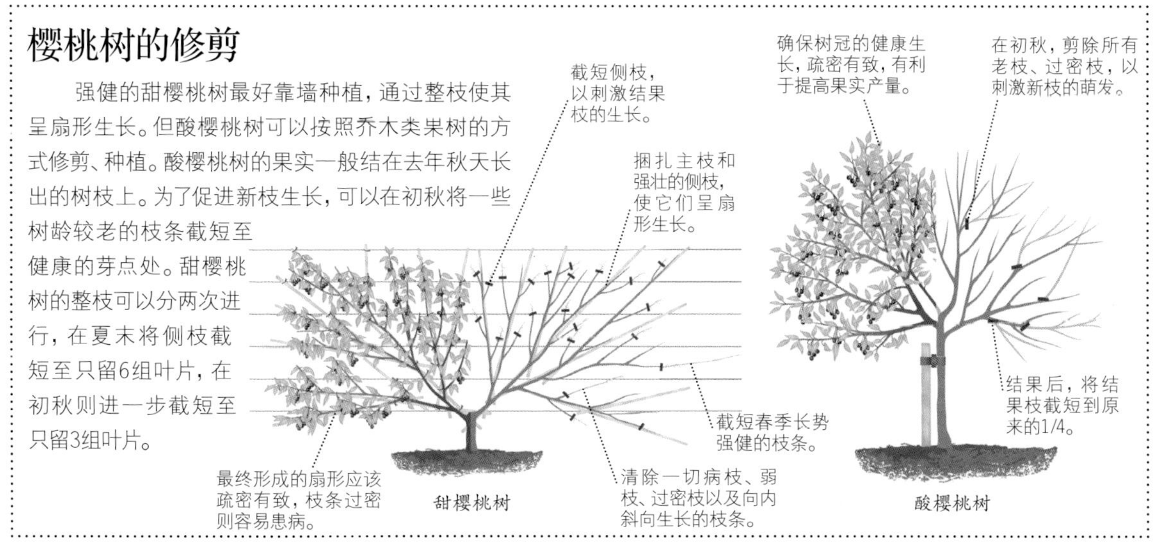

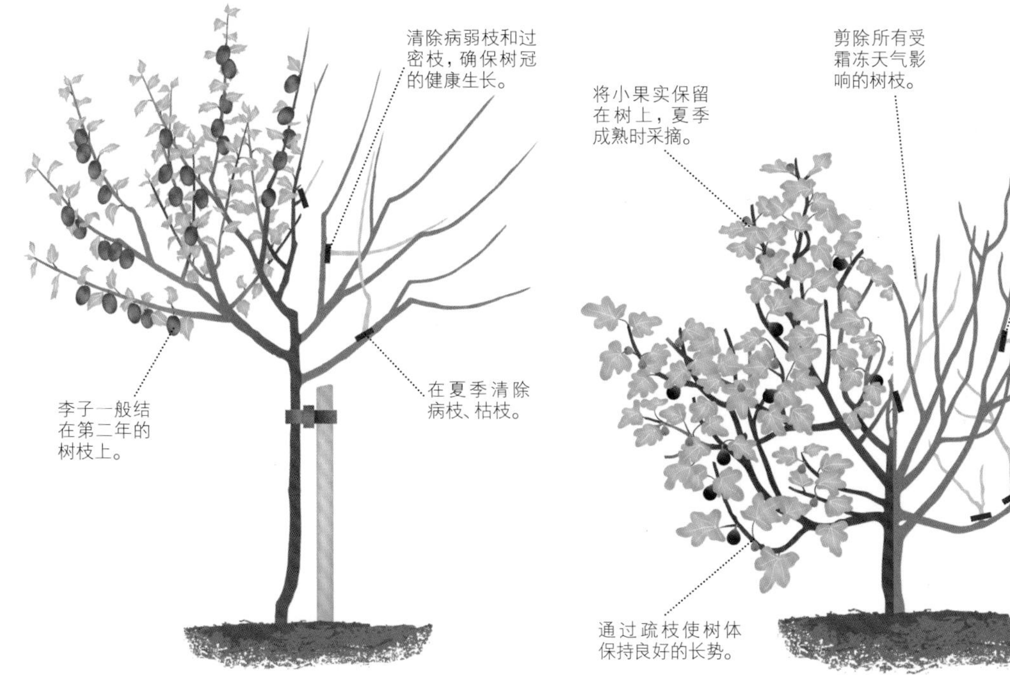

李树的修剪

成年的李树只需要在夏季进行一定的修剪，以预防银叶病（见185页）。修剪时主要清除病枝、弱枝、过密枝以及向内生长的斜向枝，以便于空气、光线在树冠内部的流通。

无花果的修剪

在春季，剪除过密枝及受霜冻天气影响的树枝等。将老枝截短至只留一个芽点处，以刺激新枝的生长。在秋季，摘除所有豌豆大小的未成熟果实，确保剩下果实的营养供给充足。

浆果植物

浆果植物既有高大、丛生的藤本类，也有十分具有观赏性的灌木。浆果植物对生长环境的要求不高，但大多都很高产，能连续数年在夏季结出甜美的果实，但像草莓这样多叶、矮生的多年生浆果植物只能连续结果两三季。

藤本类浆果植物

在水分供给充足、有防风措施的环境条件下，树莓、黑莓和一些杂交品种都能获得很好的收成。它们长而多刺的茎干，一般被称为“藤”。植物基部每年都会萌发出新的枝条。

提供支撑物

为了防止长藤因结果过多而折断，定期根据长藤的生长状况将其固定在竹竿、铁丝网等支撑物上，帮助植物健康生长。

藤本类浆果植物品种

一些新培育出的秋季成熟的覆盆子在种下的第一年可以结果。但其他的藤本类浆果一般都只能在栽种后的第二年才开始结果。

树莓

黑莓

杂交的莓果

灌木类浆果植物

黑醋栗、蓝莓和其他灌木类浆果植物都需要肥沃、排水性良好的土壤，充足的阳光以及足够的生长空间。保持空气和光线的流通对于预防真菌类疾病非常重要。只要生长条件适宜，灌木类浆果植物就能保持强健的长势，回报可观的收获。

防鸟网

所有浆果植物在成熟前就要使用防鸟网，否则大部分果实还未成熟就会被鸟啄食。

草莓

草莓是多年生植物，但许多栽培者一般喜欢每隔两三年就进行品种更新，以便获得稳定的产量，增强植物抵御病虫害的能力。

匍匐茎在夏季生长迅速。可以截断匍匐茎获得新植株。

花朵需要授粉才能结出草莓，确保授粉昆虫能够方便地在花朵上采食。

许多害虫会啃食树叶，多留心植株有没有感染病虫害的迹象。

种植地点应该远离“霜畦”，以防花朵受到霜冻灾害影响。

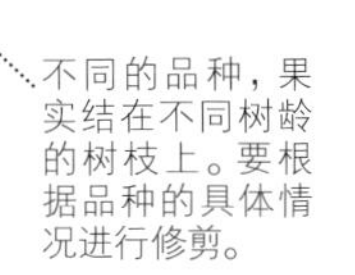

不同的品种，果实结在不同树龄的树枝上。要根据品种的具体情况进行修剪。

如果土壤出现积水，很容易导致根系死亡。

灌木类水果品种

对小花园而言，灌木类浆果植物是理想的种植品种，因为它们大多是自花结实植物，不需要同时种植雌株和雄株。

蓝 莓

红醋栗

醋 栗

盆栽的蓝莓

除非花园土壤是酸性土壤，不然还是在大一点的盆器里种植蓝莓吧。这样可以方便地添加各种养分，为蓝莓的生长创造适宜的环境条件。

浆果植物的异常现象

浆果果肉甜美、汁液丰富，鸟类很喜欢啄食。由于没有坚硬的果皮，一旦被啄食，果实就会腐烂。所以，应做好防护措施以避免果实在成熟前被鸟啄食。时刻留意浆果植物的生长状况，以及时发现叶片卷曲、出现斑点等感染病虫害的迹象。早预防、早发现、早施治是确保丰收的关键。

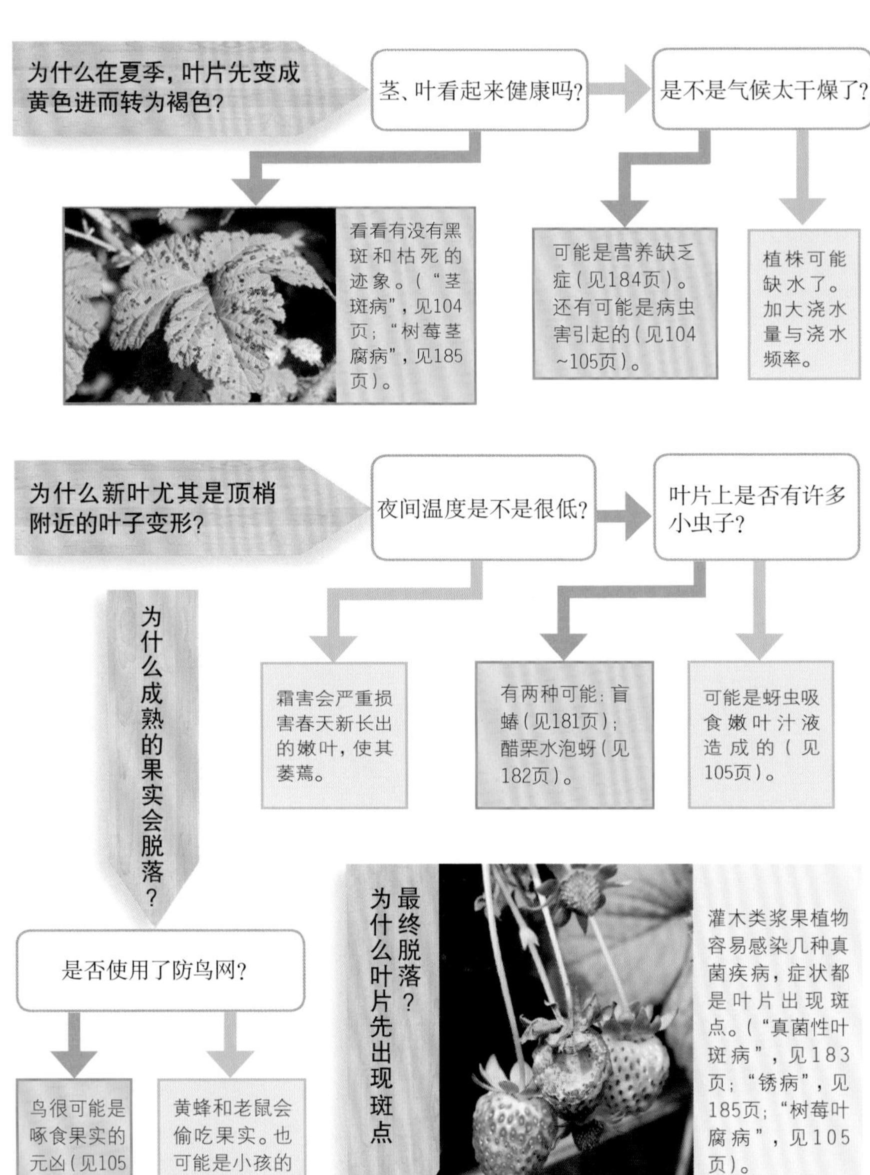

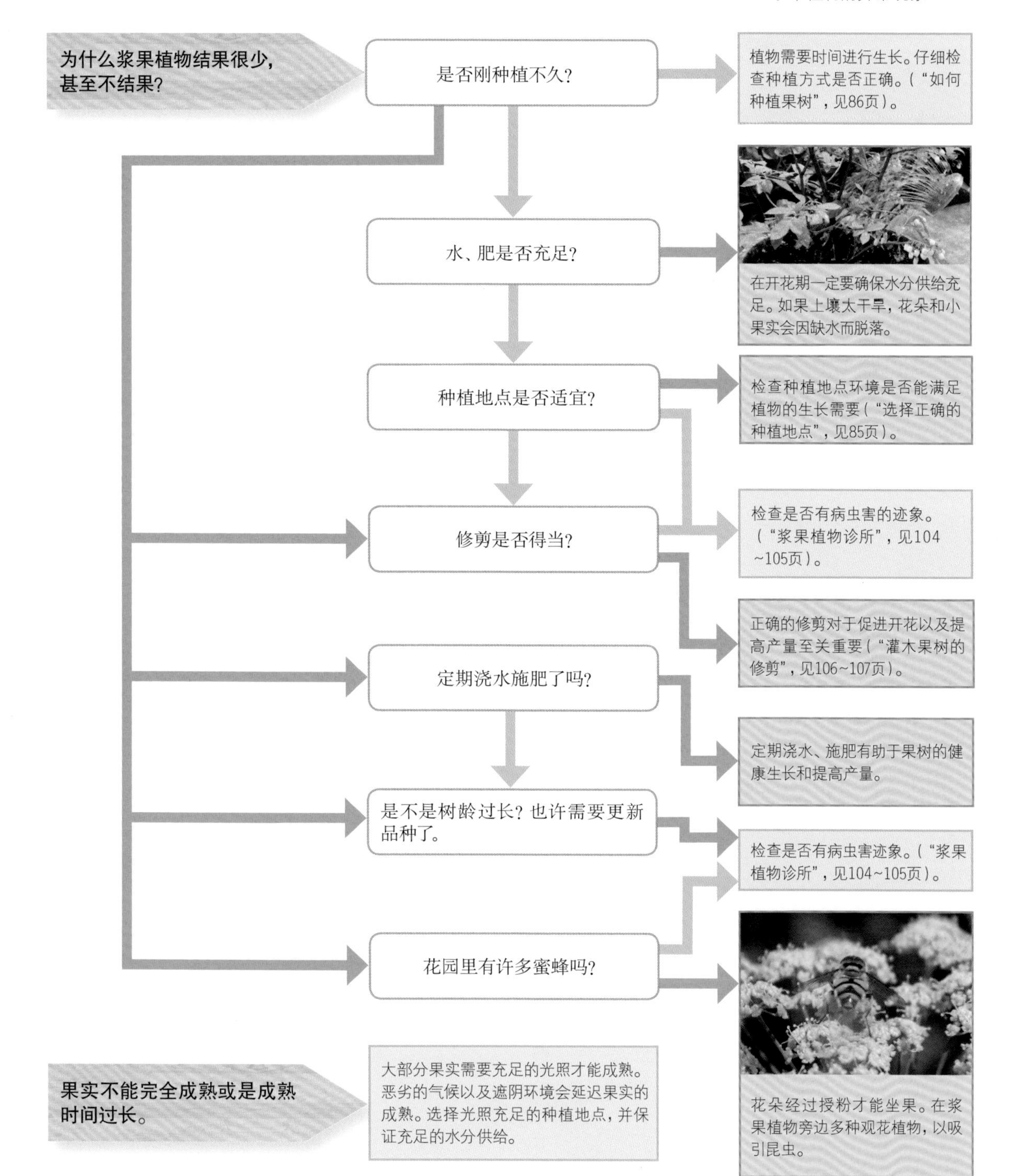
为什么浆果植物结果很少，甚至不结果？
是否刚种植不久？
植物需要时间进行生长。仔细检查种植方式是否正确。（“如何种植果树”，见86页）。
水、肥是否充足？
在开花期一定要确保水分供给充足。如果土壤太干旱，花朵和小果实会因缺水而脱落。
种植地点是否适宜？
检查种植地点环境是否能满足植物的生长需要（“选择正确的种植地点”，见85页）。
修剪是否得当？
检查是否有病虫害的迹象。（“浆果植物诊所”，见104~105页）。
正确的修剪对于促进开花以及提高产量至关重要（“灌木果树的修剪”，见106~107页）。
定期浇水施肥了吗？
定期浇水、施肥有助于果树的健康生长和提高产量。
是不是树龄过长？也许需要更新品种了。
检查是否有病虫害迹象。（“浆果植物诊所”，见104~105页）。
花园里有许多蜜蜂吗？
花朵经过授粉才能坐果。在浆果植物旁边多种观花植物，以吸引昆虫。
果实不能完全成熟或是成熟时间过长。
大部分果实需要充足的光照才能成熟。恶劣的气候以及遮阴环境会延迟果实的成熟。选择光照充足的种植地点，并保证充足的水分供给。

浆果植物诊所

浆果植物果肉香甜，果皮柔嫩，极易受害虫侵害，也容易感染真菌类疾病。种植浆果植物的关键是在植物受病虫害侵袭前先做好预防与施治工作。

为什么叶片上出现了黄色的斑块？

所有浆果植物都容易受到病毒感染，但是种植多年的草莓受感染的几率更大。具体症状为花、叶畸形，果实长势变弱，产量减少等（见187页）。

Q 盲蝽会对灌木类浆果植物造成什么危害？

A 夏季，这些绿色的害虫以吸食顶梢汁液为生，造成叶片细胞死亡，使叶片呈现水渍状斑点，严重的会僵化脱落。刚长出的嫩芽如果受到侵害，会严重变形（见181页）。

Q 为什么果实上长满霉菌？

A 如果果树感染了灰霉病，果实上就会长出绒毛状的灰白色菌丝。灰霉病可以通过空气和流水传播。潮湿的夏季是灰霉病的高发季节（见183页）。

茎腐病

健康的红醋栗

感染灰霉病的草莓

Q 树莓是感染了茎腐病吗？

A 茎腐病是一种真菌类疾病，树莓、黑莓等都容易感染此病。从夏季开始，感病植株的茎、叶表面出现紫色斑点状斑痕，斑痕还会扩散到果实表面，如果斑痕在果实表面扩大，果皮可能会开裂。一旦发现染病迹象，必须彻底剪除发病的茎、叶或果实。

Q 是什么在偷吃醋栗树的叶子？

A 醋栗、红醋栗或是白醋栗的叶子如果在很短的时间内就从茎干上掉落，浅灰色的醋栗叶蜂幼虫很可能是罪魁祸首。从春季到秋季，这种害虫会反复危害植株，影响植株的长势。但是这种叶蜂造成的损害一般不会造成浆果植物死亡。

诊断表

	症状	诊断
	在春季或夏季，**幼嫩植株的叶片卷曲、呈灰绿色或是有黑色昆虫分布在表面**。叶片顶梢卷曲而且比正常叶片要小，老叶表面则有蜜露残留。	**蚜虫**是所有浆果植物的共同敌人。它们使植株扭曲，影响植株长势而且会传播病毒性疾病。
	**在春季和初夏，**醋栗尤其果是红色醋栗的顶梢叶片表面出现明显的黄色和红色相间的水泡。在叶片背面有许多小虫子。	**醋栗水泡蚜**的虫卵能在植物上过冬，春季孵化后幼虫以吸食嫩叶的汁液为生，影响植株长势。小虫子多是浅黄色，很好辨认（见182页）。

树莓果实里的蛆虫是什么东西？

A 成熟的树莓果实表面出现了一小块干枯的斑痕，这一般是有树莓甲虫的幼虫在果实内部啃食果肉的症状。在黑莓或其他藤本类浆果植物上，也经常发现此类害虫（见185页）。

染病的果实

健康的草莓

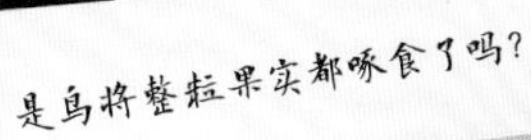

是鸟将整粒果实都啄食了吗？

鸟喜欢啄食所有成熟的浆果，它们要么整粒吞食，要么从果实根部直接将果实扯断，它们一般在果实尚未成熟的时候就开始危害果实了（见181页）。

Q 为什么醋栗表面像是覆盖了一层灰？

A 美洲醋栗白粉病是一种真菌性疾病，受到感染的茎、叶或果实表面都会蒙上一层类似滑石粉的菌丝，幼苗会因此生长畸形最终枯萎死亡。尽管感病的果实还是可以食用，但它们的外观看起来实在是影响胃口（见180页）。

Q 草莓出现了什么问题？

A 叶片上有深红色斑点且斑点中心颜色较浅是草莓叶斑病的典型症状，这是一种真菌类疾病，往往在夏季发病，偶尔也会在春季发病，但危害并不严重。褶皱、变形的果实一般是因为授粉不充分造成的。如果授粉期气候条件恶劣，影响了昆虫授粉，就很可能出现果实生长不充分、畸形的结果（“真菌性叶斑病”，见183页）。

草莓叶斑病

授粉不充分

灌木果树的修剪

灌木果树的修剪技术简单，很容易上手。正确的修剪不仅有助于果树保持紧凑、整洁的株型，及时剪除病枝、枯枝、弱枝，不仅能增强果树抵御病虫害的能力，还能刺激结果枝的生长，提高果实产量。

枝条上有刺怎么办？

像黑莓和酸醋栗这类的果树的枝条上都长有尖锐的刺。所以在修剪这类果树时，一定要戴上厚的园艺手套。在采摘果实时，也要小心不被刺伤。如果家里有小孩，种植类似果树时就要考虑种在远离儿童玩耍区的地方。

黑莓

修剪的重点是从基部剪除已经结过果实的两年树龄的枝条，为新枝的萌发腾出空间。在秋季，将长出的新枝捆扎在水平支撑物上，以待来年的开花结果。

蓝莓

蓝莓是最容易照料的果树，因为它们基本上不需要修剪。冬季，从基部剪除所有的病枝、枯枝、弱枝，以刺激新枝的萌发即可。

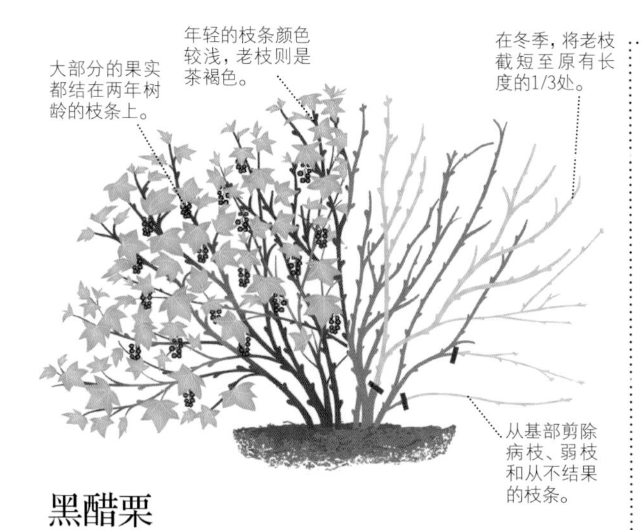

黑醋栗

黑醋栗的果实结在两年树龄的枝条上。冬季，要将包括当年结果枝在内的所有老枝截短至原有长度的1/3处，以刺激新枝从基部萌发。

酸醋栗和其他醋栗科植物

这类灌木一般需要每两年修剪一次，保持它们的株型开阔舒展。夏季修剪时，只将侧枝截短至5对叶片处；冬季修剪时，将主枝截短至原有长度的一半，侧枝截短至只保留2个芽点。

树莓的长茎

夏季和秋季结果的树莓修剪都很简单。夏季结果的品种，果实结在来年的长茎上，结果后要将枝条从基部剪除，以便为新枝条的萌生腾出空间。秋季结果的品种，果实结在当年生出的长茎上，冬季修剪时要将结果枝条从基部剪除，以便为新枝条的萌生腾出空间。

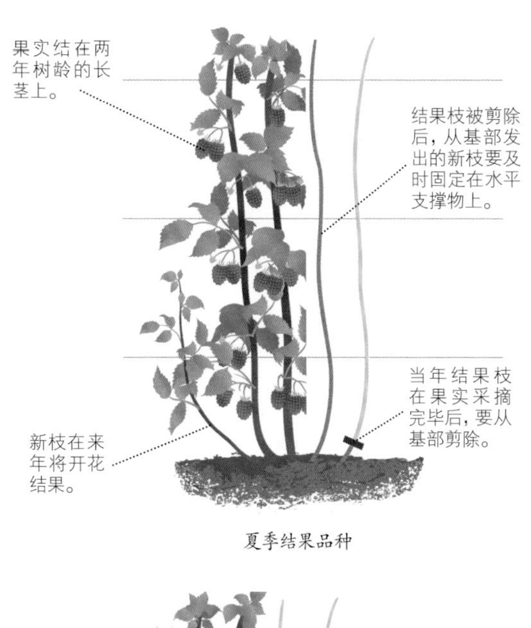

夏季结果品种

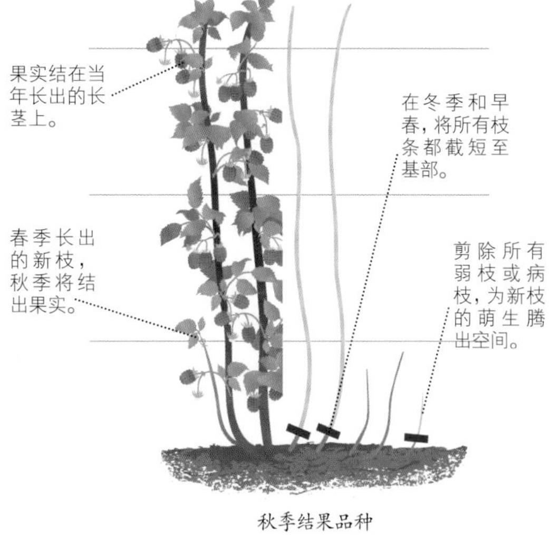

秋季结果品种

观赏花园

观赏植物种类繁多，从多年生的乔木、灌木到一年生的花境植物，从四季可赏的草坪到观赏期很短的球根植物都应有尽有，使花园一年四季都充满缤纷的色彩与醉人的清香。当然，这些风格多样、习性迥异的观赏植物对环境条件的要求各不相同，需要防范的病虫害类型也较多。接下来，将分别介绍不同类型的观赏植物的生长习性和养护要点，并以诊断图表和问答流程图为你提供快速发现、防治病虫害的最佳方案，帮你打造一个健康、美丽的观赏花园。

如何种植观赏植物

观赏植物的种类丰富得令人难以置信，从球根植物到攀缘植物，从一年生植物到乔木都应有尽有。了解种植的观赏植物的生长习性对于营造健康的观赏花园而言非常重要。只要生长所需的各种条件得到满足，观赏植物就会以鲜花、清香和优美的株型回报园丁辛勤的付出。

选择正确的种植地点

几乎所有的园丁都犯过这样的错误——将原本喜欢在阴蔽环境中生长的植物种在了全日照环境中，将柔嫩、易折的植物种在了毫无遮蔽的强风环境中。也许这些可怜的植物能够艰难地生存下来，但却无法展示出最美的风采，因为它们的幼芽、花朵、嫩叶可能刚一露头就被恶劣的气候条件摧毁了。而且，一旦植物的长势变弱，病虫害就会趁虚而入，让你的观赏花园雪上加霜。

只要在营造观赏花园之初，就认真研究花园的自然环境，搞清楚每一个种植点的自然条件，就可以有针对性地选择品种，避免植株因生长环境不适宜而生长不良。例如，种植点的光照和风力大小可以很快就判断出来，而土壤的质地、酸碱性及肥力如何，则需借助一定的工具测定。土壤酸碱性对于选择适宜的植物品种有决定性作用，因此，土壤酸碱性的测定尤为重要。

在春寒期，还要仔细检查花园，确定是否有霜畦的存在。霜畦容易积聚冰冷的空气，寒气消散需要耗费更长时间。低洼处或是坡面的底部都容易形成霜畦。在这些地方，只有习性强健的植物才能健康生长。

观赏植物的类型有很多，既有大型乔木也有低矮的草本，因此种植前最好做足功课。正确的做法是选择那些适合你花园自然环境的品种，而不是试图改变环境去适应某种植物。一定要充分利用花园现有的自然条件，例如，如果花园土壤的排水性差，不妨多考虑一下沼生植物；若是土壤偏酸性，美丽的杜鹃花属植物和茶花属植物都是理想的选择。不用费时费力地大规模改造花园，顺其自然地种植适宜植物，也能营造出让人艳羡不已的美丽花园。

如果作为新手园丁，实在不知应如何选择植物，最简单的办法就是看看邻居们的院子里都种了什么，选择类似的植物种类即可。最好在本地的苗木市场购买植物，因为生长环境类似，而且苗木市场的老园丁们还可以为你提供专业的种植、养护建议。如果是为了测试花园的自然条件，可以不同品种的植物各买一株进行栽培试验，即便失败也不会

避免麻烦

抗病能力 如果在某处发生过病虫害的种植点种植与此前染病植株类似的植物，那么新植株几乎一定会感染相同的疾病。许多病虫害可以在土壤中存活数年之久而难以根除，一旦有适宜入侵的植株就会再次爆发。所以，在这些地方种植新植物时，一定要选择那些抗病能力强的园艺品种。这些习性强健的园艺品种不仅能提高种植成活率，还可以大幅减轻园丁的劳动量。

（上图）**林下栽植** 这是一个拗口的术语，意为充分利用树下的空间种植一些观赏花卉，既能装点光秃秃的树干，还可以营造出自然的花园风格。

（左图）**混合种植** 将不同品种但生长习性相近的植物混合种植，能够最大限度地延长花园的观赏期，还可以使花境呈现出缤纷的色彩。

造成太大的损失。重要的是，不会对你高涨的热情造成沉重的打击。

选择健康的植株

在购买前，仔细检查植株的健康状况。这么做不仅能确保植株在种植后容易成活，还能避免将病虫害带入花园。同样的，接受花友们赠送的植物时，也要先巧妙地检查一番，再决定是否种到花园里。

选择那些株型良好，叶片呈现健康的亮绿色且根系既没有伸出盆底，也没有蔓生至土壤表面的植株。选购带土球的盆栽植物时，如果盆器中杂草很多，就说明这株植物在盆里的生长时间过长了，很可能出现了健康问题。还要仔细观察叶片是否有害虫啃食的痕迹以及植株是否有腐烂和真菌感染的迹象。因为无论是何种虫害，致病的根源可能还躲藏在植株或种植介质中。

落叶乔木、灌木，多年生的草本植物和攀缘植物即便在落叶休眠期也可以购买。但是要选择那些株型良好，主干、枝条树皮完好的植株。如果枝干上有很多幼嫩的芽点，说明这株植物健康状况很好。挑选鳞茎时，以饱满、硬实，没有霉点或腐烂迹象的鳞茎为佳。

裸根苗与带土球的盆栽种苗

带土球的盆栽种苗在苗木市场中很常见，全年均可种植。但是，乔木、灌木以及一些多年生的草本植物也可能以裸根苗的形式出售。裸根苗是指在苗圃中种植到一定阶段，就直接取出出售，而没有移栽到容器中继续种植的幼苗。专业的苗木市场出售的或是通过网上购买的种苗很多都是裸根苗，成本相对较低。裸根苗只有在休眠期才能从苗圃中挖出，所以一般都是在晚秋和早春购买、种植。一旦将裸根苗从苗圃中移出，必须尽快种植到花园中。

种植之前的准备工作

每一种植物对土壤都有不同的要求，在种植前最好先查阅一下园艺书籍以确定植物的具体所需。但是，种植前先彻底清除地面杂草是一项必须进行的基础性工作，尤其是要将多年生杂草的根系彻底铲除。否则，一旦种植了观赏植物，就很难在不破坏观赏植物根系的情况下清除残余杂草了。清除杂草根系一定要彻底，否则它们很容易就会在春季复发。此外，向土壤中添加彻底腐熟的厩肥和花园堆肥也有助于改良土壤结构，提高土壤肥力。不含碱性物质的复合肥也可以用来改良土壤，尤其是可用来改良种植杜鹃等喜欢酸植物的土壤。

土壤排水性良好对于大部分的植物来说都很重要。挖开表层土壤，检查一下底层土壤是否已经板结了，将板结的土块彻底敲碎并向土壤中添加粗沙砾或是添加堆肥以改良土壤结构，提高排水性。挖掘种植坑时，在坑底铺上几厘米厚的粗沙砾，可起到排水层的作用。

种植前做好筹划 为了避免反复将植株挖出调整位置，种植前就应该做好筹划工作。将需要种植的植物摆放到位，调整好顺序与位置后再挖。

避免麻烦

铁线莲的种植 种植铁线莲时，种植坑的深度一定要比种苗的土球深5厘米左右，这样能将铁线莲的萌芽点埋入土里。当铁线莲感染了枯萎病地上部分死亡时，萌芽点就可以从土里发出新枝（见182页）。

最佳的种植时间

尽量选择适宜的种植季节，避免植物遭受恶劣气候的折磨。不同植物的最佳种植时间也各不相同，但在寒冷的冬季土壤尚未解冻的情况下，就强行将植物种下绝对是一个不合常理的鲁莽之举，也很少有植物在炎热的夏季被种到干旱缺水的土壤中还能存活。因为根系需要时间去适应新的环境条件，所以，如果，根系在这期间无法满足茂盛枝叶的营养需求，很可能会导致植株死亡。

春秋季温暖的土壤、温和的气候以及的绵绵的细雨，为植物提供了绝佳的种植条件。因为，在春季植物的枝叶尚未全面萌发，而秋季，植物已经开始落叶，这就大大减轻了根系向它们提供养分的负担，为根系赢得了宝贵的生长时间。

落叶乔木与灌木是花园里最值得投资的品种。在晚秋是早春植株的叶子都落光的时候进行移植以保证成活率。常绿树种则较适宜在春季种植，因为春季是常绿植物的生长期。攀缘植物和多年生植物可在春秋季种植，但可是一些适应性较弱的品种，还是等到春季种植为佳，以避开冬季的严寒。

球根植物的最佳种植时间取决于它们的开花时间。春季开花品种，必须在上一年的秋季种植。夏季开花的品种既可以在上一年的晚秋，也可以在早春种植。秋季开花的品种，则应该在夏末种植。如果是带叶种植的球根植物，例如雪花莲，应在花后将叶片一并剪除。

许多庭院植物一年有两次主要的花期。冬季和春季开花的品种最好在初秋就地栽，而习性较弱的夏季花境植物，最好等到晚春或是初夏，霜冻天气彻底过去后再移栽到室外。

如何种植

确保植物健康生长的第一步就是以正确的种植方式。植株种植的深度不适当是许多人经常犯的错误，种得过浅，容易导致植株死亡或是倒伏；种得过深，则容易引发各类真菌性疾病。基本原则是，乔木、灌木、攀缘植物、多年生花卉以及庭院花卉等植物种植的深度应该与它们此前在容器中生长的深度一致。种植时注意观察原有土壤在植株茎部留下的痕迹，以此作为衡量深度的标准。球根植物的种植深度一般为球根直径的两倍。

为植物预留充足的生长空间也很重要。尤其是乔木、灌木，它们生长潜力巨大，需要充足的生长空间。参考园艺书籍与资料，预估十年后这些植物所需的空间，然后再确定种植地点。在这些乔木、灌木之间可以穿插种植一些草本的多年生观赏植物，这些草木植物占地面积不大而且可以根据需要每年进行移除。攀缘植物一般都是单株种植，但种植的时候要注意它们与邻近植物的株距。同样，种植草本的多年生植物时，要充分考虑到植株成年后，它们的枝叶与旁边植物的间距问题。球根植物一般都是2~3个种球一起组合种植。

种植前，挖一个可以容纳根系的种植坑，根据土壤的排水性决定是否在种植坑内铺设排水层。然后，将植物的根系彻底润湿（球根除外），整理后将植株放入种植坑中，确保植株在坑内的深度适宜，回填土壤，将土壤压实。然后

正确种植的植物不仅能回报以优美的株形和缤纷的花朵，也不易受到病虫害的侵袭。

种植时需要注意的几个问题

如果种植得当，植株能够迅速恢复旺盛的长势，将最好的一面呈现出来。虽然基本的种植技术并不难掌握，但是园艺新手们往往还是会犯一些小错误。其实只要种植前花点时间多了解植物的生长习性，这些小错误都是可以避免的。

别“种反了” 种植球根植物或是裸根苗时，千万不要种反了。如果将球根植物萌发点朝下埋入土里，它们会腐烂；裸根的多年生植物虽然能够存活，但是生长会非常缓慢。

填实压紧 种下新植株后，如果不仔细填实压紧回填的土壤，就很容易在土壤中留下空隙，导致根系缺水死亡，或使土壤积水，使根系腐烂。

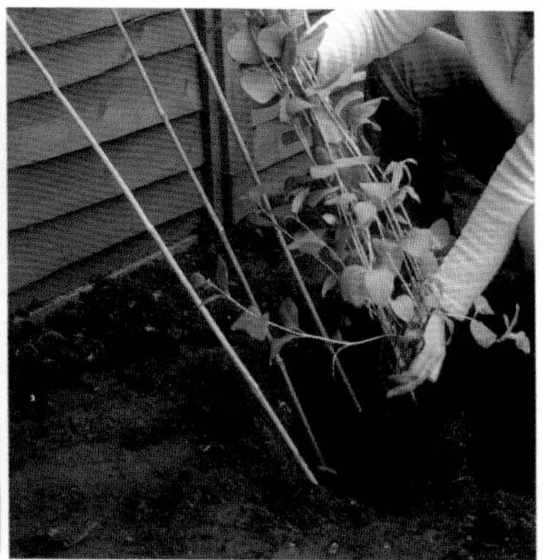

不要种在遮雨处 紧邻墙壁、栅栏的土壤很容易干旱，因为雨水受到遮挡无法浇灌这片区域。种植时应至少与墙壁或栅栏保持30厘米的距离。

浇足水以帮助植物生根。种球根植物时，直接将球根放入坑内或是将几个球根组合放置，随后覆土即可。

为植物提供支撑物

许多观赏植物都需要额外的支撑才能健康生长。插在土壤中的木棍能在树木生根之前稳固植株。三四年后，当树木已经具备独自抗衡大风的能力时，就可以将木棍撤除。

攀缘植物需要的支撑物各不相同，取决于植物的攀缘方式。有一些植物在种植之前就需要先立好支撑物，以便植物攀缘生长。但常春藤这类植物，即便是垂直的墙面它们也能攀爬而上，因此不需要额外的支撑物。

一些多年生花卉和球根植物的茎较长，容易受到恶劣气候的破坏，可以在春季植株旺盛生长之前，就立起一张铁丝网或类似的支撑物，植株随着生长，能自然覆盖支撑物，获得了良好的支撑。较长的花茎则需要专门的支撑物支撑。

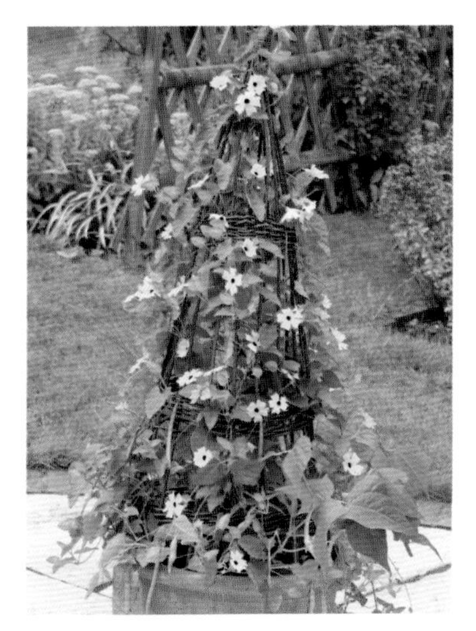

优美的株型 提供支撑物不仅能保护植物不受强风、暴雨的损害，还能使它们保持优美的株型。

盆栽植物

所有的观赏植物都可以盆栽，许多花园就是以漂亮的花器和盆栽植物而吸引游人的。尽管与地栽相比，盆栽植物需要更多的照料，但是盆栽植物依然很受欢迎，因为它为园丁提供了利用空间的更多可能性。要大胆尝试，将不同品种的观赏植物混合种植，往往能达到意想不到的观赏效果，也能延长观赏期。

盆器的选择 如果决定了盆栽，首要工作就是为植物选择适宜的盆器。一般来说，盆器的排水性一定要好。高大的多年生乔木及灌木需要足够大的盆器，以供它们的根系生长。但也不能一味求大，植物主干到盆器边缘的宽度控制在10厘米左右即可。攀缘植物需要盆器的深度较深，以便植株固定生长。球根植物对盆器的排水性要求较高。生长迅速的多年生植物适合种植在宽大盆器中。

种植介质的选择 多年生植物，例如乔木、灌木、攀缘植物和一些多年生花卉适合种植在以土壤为主种植介质中。轻质的通用种植介质适合种植庭院植物，尤其是种在吊篮、花架中时，用来种植球根也很合适（如果使用球根植物的专用种植介质，效果会更好）。种植杜鹃、茶花等喜欢酸性土壤的花卉时，要使用不含石灰质的种植介质和肥料。

避免麻烦

如果正确使用厩肥或化肥，就能帮助植物加速生长。需要注意的是，除非你使用的是液态的叶面肥，否则不要让任何固体肥料直接接触到植物的茎、叶、枝干。若是固体肥料直接与植物接触，会灼伤接触的位置，进而引发病虫害。

正确的种植地点 盆栽的一大优势在于可以根据植物生长所需，随时调整种植地点。许多植物只有在全日照的环境下才能保持花量，而其他植物则偏爱较为遮阴的环境。在寒冷的冬季，一些茎、叶柔弱的植物需要挪入室内，以免遭霜冻侵袭。

浇水与施肥 盆栽最大的不足在于必须确保定期补充水分和肥料。要定期检查盆器中土壤的含水量，并定期浇灌，在炎热的夏季，保证每天至少两次的浇水频率。为了降低因缺水导致植物死亡的风险，可以在土壤中混入保水凝胶（它们可以在浇水时吸收水分，供植株在相对长的时间内使用），或是直接安装一套自动灌溉系统。

多彩的盆栽植物 精心照料的盆栽植物可以为花园增光添彩。但是，种植的盆栽植物越多，养护需要花费的时间也越多。所以，种植盆栽植物一定要量力而行，切忌贪多求全。

在植物的生长期，定期施用液肥很重要（生长迅速的庭院植物，可以每周使用一次液肥）。也可以在种植初期，就将长效固体肥混入种植介质，供植株在较长的时期使用。

多年生植物如果盆栽，每年都需要根据植物的生长状况更换更大的盆器，以满足植株根系生长所需。换盆后，还需要铲除表层土壤（5厘米厚），并及时补充花园堆肥，满足植株生长所需。

观赏植物最常见的问题

如果养护不当，所有观赏植物都容易受病虫害侵害。一些品种尤其容易受到病虫害的侵害。有的园丁为避免麻烦，干脆不种植那些容易感病的植物。但是，即便是种植抗病虫害能力较强的品种，在种植前依然要仔细检查它们是否有感病的迹象，还要翻阅资料，了解它们的生长习性，以便及时发现并处理可能出现的问题。

观赏性的樱桃树容易感染的病虫害有蚜虫（见180页）、细菌性溃疡病（见180页）、花朵枯萎病（见181页）、穿孔病（见186页）和银叶病（见186页）。玫瑰容易感染蚜虫（见180页）、月季黑斑病（见185页）、锈病（见186页）、白粉病（见185页）和灰霉病（见183页）等。一些荚蒾属植物容易受蚜虫（见180页）、介壳虫（见186页）和粉虱（见187页）危害。

铁线莲经常受到铁线莲枯萎病（见182页）、蚜虫（见180页）、蛞蝓与蜗牛（见186页）和白粉病（见185页）的侵害。此外，它们还很容易感染一些真菌性疾病。

百合容易招惹百合甲虫（见183页）和葡萄黑象甲虫（见186页）；美丽的球根植物则容易感染各类真菌性疾病、病毒性疾病、还容易受线虫（见182页）和葱蝇（见184页）侵害。

避免麻烦

盆栽植物容易受几种常见害虫的侵袭，包括虫体呈C型的象甲虫（见187页）、蚜虫（见180页）等。灰霉病（见183页）和根腐病在空气不流通以及土壤排水性差的环境中会迅速蔓延。如果土壤过于干旱，白粉病（见185页）会对植物叶片造成危害。

日常养护

观赏植物种类很多，容易遇到的问题也各不相同。但有一些共同的问题需要注意防范，只要掌握了观赏植物日常养护的要点，就可以预防问题发生。

浇水

在土壤中施加有机肥后，土壤保水能力增强，可以减少浇水的频率。但是，一些刚刚移植的植物，在第一个生长季中，仍旧需要经常浇水。植株一旦生根发芽了，基本上就不需要再经常浇水了，除非你将植物种在了墙根下、栅栏边这类雨水很难浇灌到的地方。

土壤覆盖物

在春天使用有机物覆盖土壤，有助于土壤保湿，还能抑制杂草的生长。有机覆盖物的类型多种多样，碎树皮、花园堆肥及彻底腐熟的厩肥都是很好的材料。

避免麻烦

避免种植过密 种植密度过大的球根植物或是多年生观赏花卉经常看起来无精打采的，花朵的质量也不高。此时，需要拔除一部分植株，降低种植密度，以确保剩余植物的健康生长。

日常养护 定期浇水、施肥有助于植株健康生长，还有助于提高花量，延长观赏期。

保持整洁 及时清除花园里的残枝落叶，既能保持整洁，还能避免为害虫留下栖身之地。

施肥

如果土壤已经经过改良，新种植的观赏植物就不再需要施化肥。但是，适量施肥能促进根系生长，尤其是当叶片出现缺乏养分的症状时。春季是施肥的最好时机，可以让植物以生机勃勃的姿态迎接新的生长季。

彻底腐熟的厩肥或是有机肥（例如骨粉），肥力释放过程比较缓慢，发挥作用的时间较长。液肥和化肥（例如“花多多”）等见效快，但要按要求施用，切忌过量。也可以针对特定品种的植物使用特制肥料，如针对杜鹃花属植物研制的偏酸性肥料。

保持花园整洁

野草、落叶和枯枝是害虫越冬的藏身之所，一定要及时清除，为植物提供一个整洁、清爽的生长环境。

及时修剪

尽量在适宜的时间进行修剪。若修剪时机选择不当，修剪的创口愈合时间变长，会增加植株受到病虫害侵扰的风险，有时还会导致花量减少。还要注意使用正确的修剪方法，修剪不当会导致枝干枯萎，严重的还会使整株植物死亡。

捆扎条

随着乔木、灌木和各类攀缘植物的生长，原有的捆扎点会对日渐长大的植株造成伤害，极易诱发病虫害。因此，每年春季都要检查原有的捆扎条是否能适应植物生长需要，及时解开旧的捆扎条，并重新确定固定位置。

球根植物的养护

球根植物的叶子有助于地下根系获得足够养分，以供第二年开花。因此，球根植物的花谢后，一定要让叶片继续生长，不要进行任何修剪或捆扎。如果是种在草地上，修剪草坪时要小心避开球根植物的叶片。

花园草坪

草坪的重要性 修剪得当、干净整洁的草坪一般都是花园中最吸引眼球的景观，通常也是使用率最高的区域。斑驳、杂乱的草坪会降低花园的观赏性，及时除草和增铺草皮等维护工作能够有效解决这一问题。

草坪也许看起来都一样，但实际上草坪是由多种草坪草混合种植形成的，可以适应不同的生长条件，满足人们对于草坪的不同需求。根据花园的实际情况，选择适宜的草坪，能使后期的维护工作轻松不少。

铺设草坪主要有两种方式：一是直接播撒草籽，这样成本较低，但是草坪成型的周期较长；二是直接购买草皮，铺在指定区域，这样成本较高，但是见效快。无论采取何种方式，春季与秋季都是铺设草坪的好时机。另外，无论使用哪种方式铺设草坪，都要提前将土壤的准备工作做好。彻底清除杂草，尤其是多年生杂草的根系。如果是沙质土壤，多施花园堆肥；如果是排水性较差的黏土，添加粗沙砾，或者直接修建一个简单的排水系统。

用锄头把土翻松，清除石子等杂物，将土面耙平。为了防止种植时表层土壤凹陷，整理完土地后要将土面彻底踩实。

草籽需要温暖、湿润的环境才能发芽。为减轻工作量，可以将整块播种区域划分为数个大小相近的地块，将每一小块土地所需的草籽装进量杯中进行播种，这样能有效控制播种密度。播种完毕后，再用耙子轻轻地耙一遍，让土壤将草籽覆盖起来以防鸟啄食。最后，用花洒小心地浇一遍水，水流不能太大，以防将草籽冲乱冲走。

铺设草皮则要简单得多，可以直接铺在提前润湿的土地上。铺设草皮应该先从预铺区域的边缘开始，尽量沿直线铺设。在已经铺好的草皮上放一块长木板，站在上面继续其他区域的铺设工作，不要直接踩在预铺区域的土地上。全部铺设完毕后，用切刀将边缘部分切成需要的形状。使用耙子的背面压实草皮，及时浇灌充足的水分，以便草坪草尽快生根。

草坪的养护

草坪养护的关键在于经常轻剪。夏季需要每周修剪一次，每次将草坪高度修剪为原高度的1/3。草坪的边缘需要经常修剪，防止它们向外界蔓生。

在秋季，用耙子耙除草坪上的落叶和杂物，以促进草坪的健康生长。还可以使用园艺叉在草坪上均匀地扎洞，以促进草坪下方土壤空气流通，翻松板结的土块。

避免麻烦

及时施肥 健康、长势旺盛的草坪可以增加花园的吸引力。正确施肥有利于草坪的健康生长。在初夏，应施春夏季草坪专用肥，秋季则需要施专门配制的低肥力草坪专用肥。一定要按照肥料说明书要求的量施肥，超量施肥会灼伤并破坏草坪。

急救

乔木、灌木与攀缘植物

乔木、灌木与攀缘植物几乎是所有花园的“永久居民”。了解如何种植、养护这些植物的基本知识，使它们始终保持最好的生长状态对于维持花园的观赏效果十分重要。接下来，我们将分别探讨乔木、灌木与攀缘植物的习性和养护要点。诊断表与问答流程图简明扼要地列出了常见病虫害的防治方法。此外，修剪得当有助于植物保持良好的生长状态，展现出最精彩的观赏效果，因此，也将分别介绍乔木、灌木与攀缘植物的正确修剪技术，帮你打造健康、美丽的观赏花园。

花园乔木

根据花园的大小、土壤类型和气候条件来选择适宜的树种可以避免在后期种植、养护的过程中产生不必要麻烦。许多乔木株型株优美，大小适中，而且观赏期长，可以盆栽，非常适合花园种植。种植前一定要做好土壤的改良工作，这是乔木长期健康生长的基础。

常绿乔木

常绿乔木既包括针叶树，也包括阔叶树，它们一年四季都能保持郁郁葱葱的状态，是花园里的骨干树种。春季是种植常绿乔木的最好季节。种植后，在春夏交替时，树木会自行脱落一批老叶，并长出新的嫩叶。

树篱

除红豆杉之外的所有针叶树，如果顶梢被过度修剪，很长时间内都无法萌发出新枝。所以在修剪针叶树时，切忌重剪。

多姿多彩的针叶树

虽针叶树是花园常客，但它们并不单调乏味，随着季节更替也能呈现出不同的姿态与美感，例如春天新生的嫩叶、秋天的松果和多彩的浆果。

刺柏的浆果有芬芳的味道

春天新生的嫩叶

鲜艳却有毒的红豆杉浆果

松树的花朵

落叶乔木

秋季落叶对树木本身而言有很多益处：裸露的树枝不易被强风吹折，各种害虫和病菌也会随落叶离开树木。许多落叶乔木在秋季落叶前，叶片都会变色，或红或黄，景色颇为壮观。即便是叶片都脱落后，裸露的树枝和树皮也有很高的观赏价值。

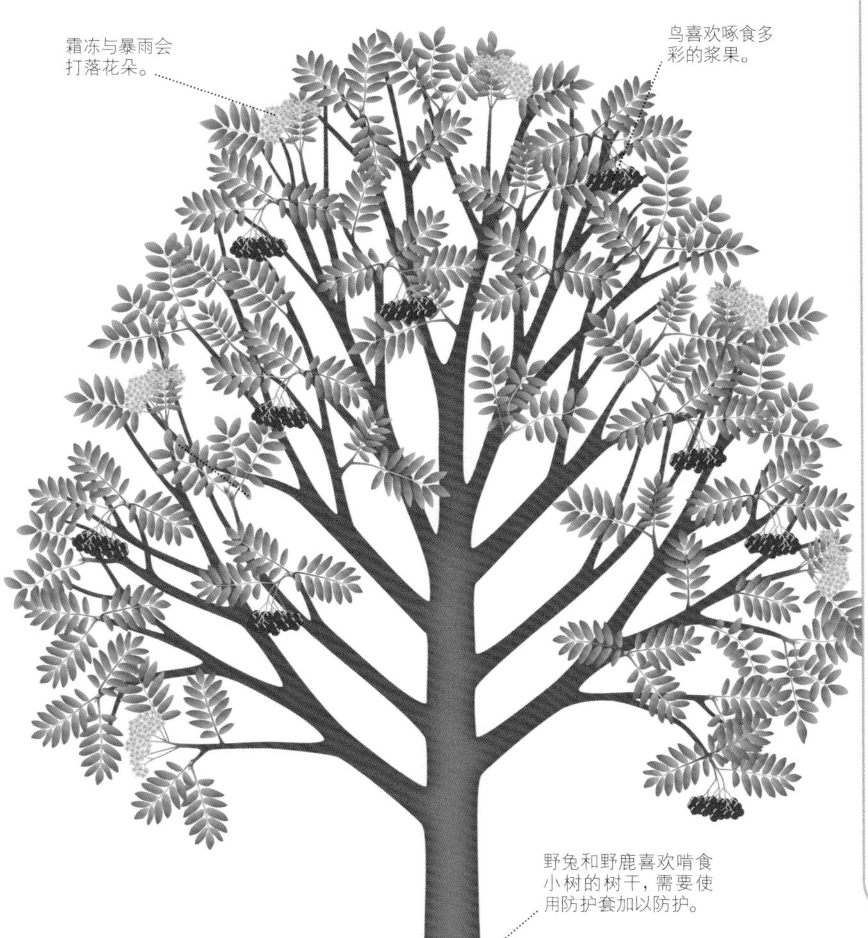

四季可赏的落叶乔木

落叶乔木一年四季都有观赏性，花、果实、树皮、枝干……许多落叶乔木都具有较强的抗病虫害能力。

欧洲花楸夏季结出的浆果

独具特色的树皮

夏季的繁花

春季黄色的柔荑花

嫁接点

许多乔木都经过嫁接以更好地适应庭院种植。嫁接处一般位于主干下部。种植时要将嫁接点露出土面。

花园乔木的异常现象

花园乔木的健康生长离不开全年的精心养护。枝叶茂盛时，先近距离检查是否有病虫害的迹象，看看树木的整体长势如何。冬季，则应仔细检查枝干是否有损伤，树木是否有感染病虫害的迹象。

为什么针叶树叶子逐渐变黄进而变成褐色，最后死亡脱落？

整株树的叶片都变色了吗？

部分叶片的褪色可能是由于病虫害引起的（“花园乔木诊所”，见124~127页）。

针叶树对干旱和积水都非常敏感，上述两种情况都可能导致根系腐烂，引起叶片变色（见125~126页）。

为什么夏季叶片变黄，接着变成褐色？

气候是不是过于干旱？

可能是缺乏养分（见184页）。也可能是病虫害引起的。

植株严重缺水，应及时补水。

为什么成年乔木枯萎并逐渐死亡？

染病症状是否蔓延得很迅速？

可能是树木生长时间过长，自然死亡。也可能是蜜环菌造成的（见126页）。

可能是干旱导致的，也可能是积水造成根系腐烂（见125页）。

真菌性的苞片生长在树干上。

真菌经常侵扰老树、病树等长势较弱的树木，及时清除这些苞片（“花园乔木的修剪”，见128~129页；“珊瑚斑病”，见127页）。

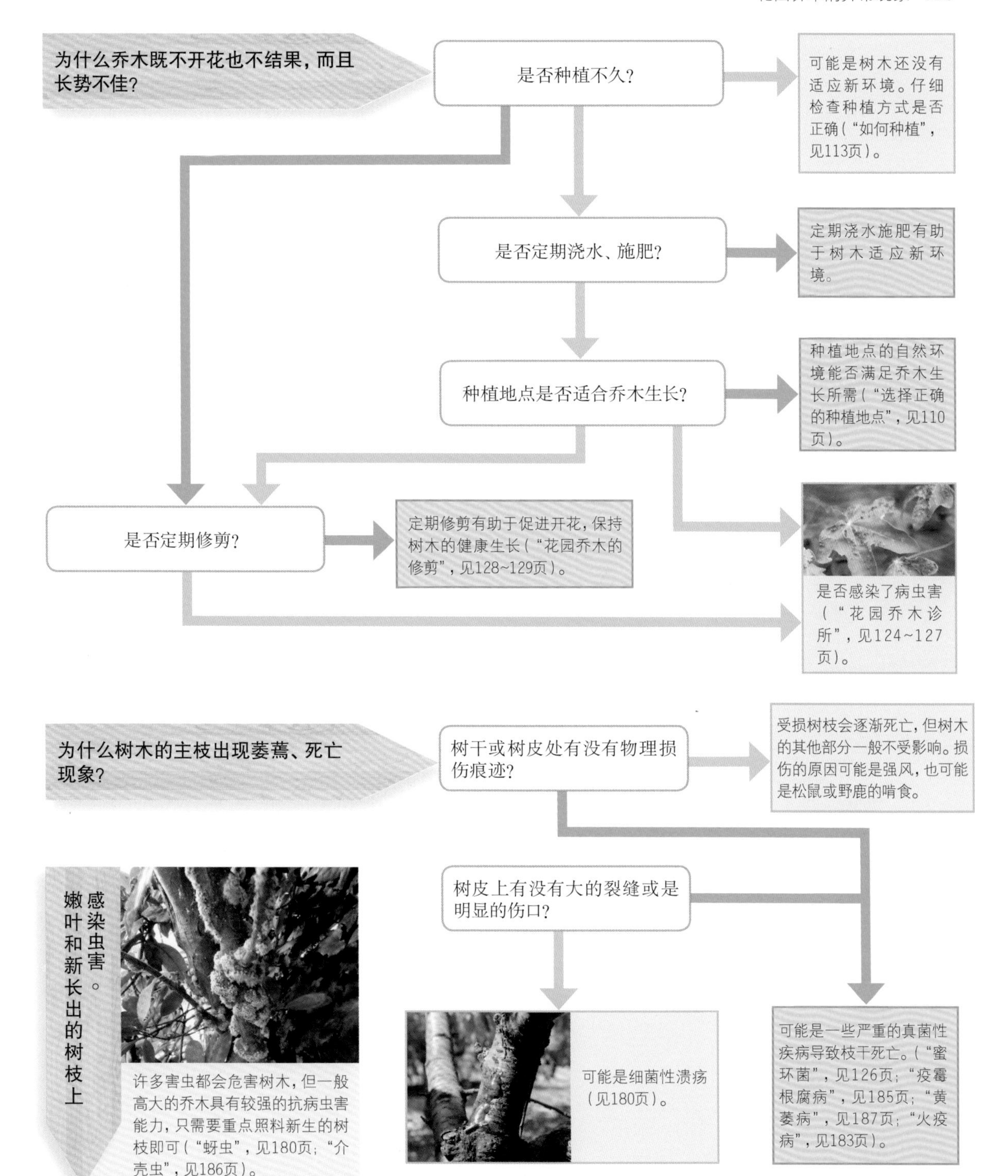
为什么乔木既不开花也不结果，而且长势不佳？
是否种植不久？
可能是树木还没有适应新环境。仔细检查种植方式是否正确（“如何种植”，见113页）。
是否定期浇水、施肥？
定期浇水施肥有助于树木适应新环境。
种植地点是否适合乔木生长？
种植地点的自然环境能否满足乔木生长所需（“选择正确的种植地点”，见110页）。
是否定期修剪？
定期修剪有助于促进开花，保持树木的健康生长（“花园乔木的修剪”，见128~129页）。
是否感染了病虫害（“花园乔木诊所”，见124~127页）。
为什么树木的主枝出现萎蔫、死亡现象？
树干或树皮处有没有物理损伤痕迹？
受损树枝会逐渐死亡，但树木的其他部分一般不受影响。损伤的原因可能是强风，也可能是松鼠或野鹿的啃食。
树皮上有没有大的裂缝或是明显的伤口？
可能是细菌性溃疡（见180页）。
可能是一些严重的真菌性疾病导致枝干死亡。（“蜜环菌”，见126页；“疫霉根腐病”，见185页；“黄萎病”，见187页；“火疫病”，见183页）。
感染虫害。嫩叶和新长出的树枝上
许多害虫都会危害树木，但一般高大的乔木具有较强的抗病虫害能力，只需要重点照料新生的树枝即可（“蚜虫”，见180页；“介壳虫”，见186页）。

花园乔木诊所

虽然花园乔木大多具备一定的抗病虫害能力，但仍需注意观察，检查树叶和树皮是否有感病迹象，枝干是否有被强风折损的地方，再从稍远一点的距离观察树木的整体长势，防止花园乔木感染一些严重的病虫害。

为什么嫩叶发白易碎？

如果叶片发白，变得像纸一样，有时会逐渐变成褐色，可能是被灼伤了。被烈日暴晒或强光照射后，叶片尤其是顶梢部分的嫩叶容易出现灼伤现象。如果叶片上有雨滴，强光照射后会使灼伤现象更为严重。

Q 为什么花朵在枝头枯萎并且逐渐变成褐色？

A 花朵枯萎病是一种真菌性疾病，能使海棠、樱桃等观赏植物春季开出的花朵枯萎，逐渐变为褐色，但并不脱落。在潮湿天气中，病情会恶化，有时还会感染周围的叶片（见181页）。

Q 是什么在蛀蚀树叶？

A 黄绿色的松白条尺蠖蛾幼虫在春季以吸食落叶乔木叶片的汁液为生。尺蠖蛾的幼虫有吐丝下垂，在空中飘荡的习性（见187页）。

树干腐烂的迹象

叶片溃疡的迹象

松白条尺蠖蛾蛀蚀叶片留下的痕迹

Q 树干表面长出的是什么东西？

A 半圆形的突起状真菌群经常出现在根部、树干或是树枝上，在夏季和秋季的雨后尤其常见。菌群会使树木长势变弱，严重时会导致枝干折断（“花园乔木的修剪”，见128~129页）。

Q 樱桃树得了细菌性溃疡病吗？

A 在潮湿的春季和秋季，细菌性溃疡病会导致观赏性樱桃树的感病处树皮凹陷，患处可能还会溢出琥珀色的汁液。感染的树木生长会受到严重影响，枝干的顶梢逐渐枯萎死亡。春天，树叶可能会逐渐出现褐色的黑斑和小洞（见180页）。

如何分辨乔木是否缺乏营养元素?

A 如果短时间内雨水过多，会造成土壤中镁元素的的流失。缺镁会导致植物叶片边缘和叶脉之间(儿其是老叶)发黄。喜欢酸性土壤的树木则容易缺铁，症状也是叶脉之间发黄或是出现褐斑。在乔木彻底失去活力并逐步死亡之前，缺乏营养元素的症状会持续多年出现，所以一定要注意平时的养护工作(“营养元素缺乏症”，见184页)。

植株缺镁的症状

石灰过敏引起的叶片褪绿

枫树叶片上出现的红色丘疹是什么?

A 喜欢吸食槭属植物叶片汁液的小虫子会在西卡莫槭树、枫树的叶片上留下红色的小疹子。尽管看起来有点恶心，但它们不会对植物造成什么伤害。

健康的叶片

修剪不当

枫叶上的红疹

乔木遭受涝害有什么症状?

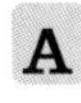

A 乔木遭受涝害的症状与缺水症状很像，都是叶片发黄、脱落。这是因为土壤积水会导致根系腐烂，使根系无法为植物提供足够的水分。根系变黑、发软，而且很容易折损是涝害的初期表现。尽快提高土壤的排水性是防治涝害的有效方法。

为什么正确修剪很重要?

A 正确的修剪方法有助于伤口快速复原，不给病虫害可乘之机。切口与分枝衔接处应有5厘米左右距离。如果紧贴树干修剪，会导致树干出现大的创口，很容易引发病虫害(“花园乔木的修剪”，见128~129页)。

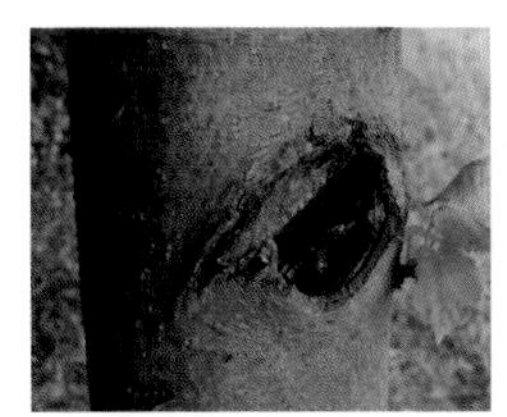
修剪不当导致树干出现创口

逐渐腐烂的断枝

处理得当的切口

Q 为什么针叶树会慢慢枯萎、死亡？

A 针叶树容易感染的病虫害症状大多不明显，病情发展也较为缓慢。拟盘多毛孢属真菌是一种真菌性疾病，会导致枝叶枯死，叶片变成褐色。如果云杉的叶片在冬春之际逐渐转为黄色或褐色并脱落，可能是因为绿云杉蚜虫吸食汁液造成的。球蚜也靠吸食树木汁液为生，它们像白蜡一样覆盖在植株茎叶上，会使枝叶变黄。

拟盘多毛孢属真菌

绿云杉蚜虫对植株的危害

球 蚜

Q 是什么害虫在破坏叶片组织？

A 春夏期间，包括山毛榉、冬青和金链花在内的许多树木都容易受到潜叶虫的危害。各类潜叶虫的幼虫会从叶片内部啃食叶片组织，同时留下褐色或黄色的黏乎乎的痕迹。有时候虽然虫害严重，但症状却不明显。潜叶虫虽然行踪诡异，但总的来说不会对树木健康造成太大的影响。

针叶树健康的生长状态

根部的蜜环菌

潜叶虫造成的伤害

Q 乔木缺水时会有什么症状？

A 干旱会使乔木长势变弱，树叶发黄并提前脱落，植株长势转弱，实畸形。严重时整个树枝都会枯萎死亡。如果是刚刚种植不久的树苗，可能会因严重干旱而死亡（“如何浇水”，见116页）。

Q 乔木感染蜜环菌了吗？

A 受感染的乔木可能会逐渐死亡。在夏末或秋季，树干或根部会长出伞菌，在树干下部迅速蔓延。在树木周围的土壤中，也可能长出黑色、类似鞋带的真菌（见183页）。

诊断表

	症状	诊断
	在春季或是夏季，西卡莫槭或其他槭属植物的叶片出现了**明显的轻微凸起，有光泽的大黑斑**。叶片提前脱落。	**槭属植物黑痣病**是常见的真菌性疾病，多为叶片感病。虽然看起来很严重，但是这种病对树木影响不大，不需要特别的治疗。将落叶耙在一起焚烧掉即可。
	夏季，叶片表面被**白色的粉状物**覆盖，随后叶片背面也出现类似粉状物。最后可能导致叶片发黄，变形。	**白粉病**是一种常见的真菌性疾病，一般在环境有问题时发病率较高，例如长期干旱或是植物周边的空气潮湿且不流通（见185页）。

Q 树枝上的橘色斑点是珊瑚斑病的症状吗？

A 树枝上出现了橘色的小斑点意味着这个枝条已经死亡，很可能是因为感染了珊瑚斑病。这种疾病扩散迅速，会造成大面积的枝干死亡（见182页）。

因强风受损的树枝

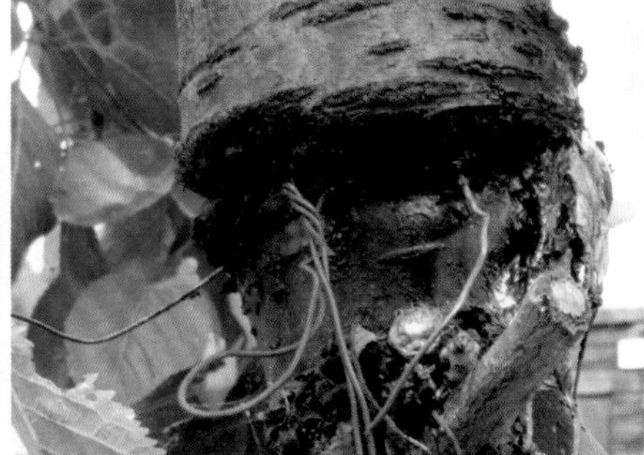

绑扎过紧导致的严重伤害

乔木基部抽出的生长旺盛的枝条是什么？

这些枝条被称为"蘖条"，有时候是自然长出的，有时候则是因为树木浅层根系受到外力损害而长出。应该将这些枝条尽可能地靠近基部剪除。

Q 为什么树干渗出液体或出现创口？

A 可能是遭受了物理损伤。过往的车辆、强风、暴雨以及人为破坏都可能造成树木的枝干折损、主干受到挫伤等。如果创口面积较大而且卫生条件不好，树木很可能感染病虫害。使用锋利的修枝剪将断枝彻底剪断有助于抵御病虫害（"花园乔木的修剪"，见128~129页）。

Q 为什么靠近支撑物附近的树干出现了损伤？

A 将树木与支撑木棍固定在一起的绑扎物应该柔软，且不能绑扎得过紧，否则随着树木的生长，绑扎物会对树木造成严重的伤害。每年都要定期检查绑扎物的松紧状况，如果树木生长速度较快，就要重新绑扎。

花园乔木的修剪

乔木成年后，只要有足够的生长空间就几乎不需要修剪，只要清除病枝、枯死枝，保持整洁通透的株型和自然的生长形态就可以了。但如果空间有限，当树木的生长超出了控制范围时，就需要进行修剪。例如，可以剪除下部的枝杈，让树冠向上发展，从而腾出了下部空间。

什么才是正确的修剪？

使用专业修剪工具，修剪位置准确，切口卫生状况良好，有利于创口尽快愈合，降低感染病虫害的几率。将枝干截短至第一个健康的芽点处。剪除较大的树枝时不要剪得太彻底而要将树枝与树干的连接处保留下来，否则会在树干上留下较大的伤口（“为什么正确修剪很重要”，见125页）。

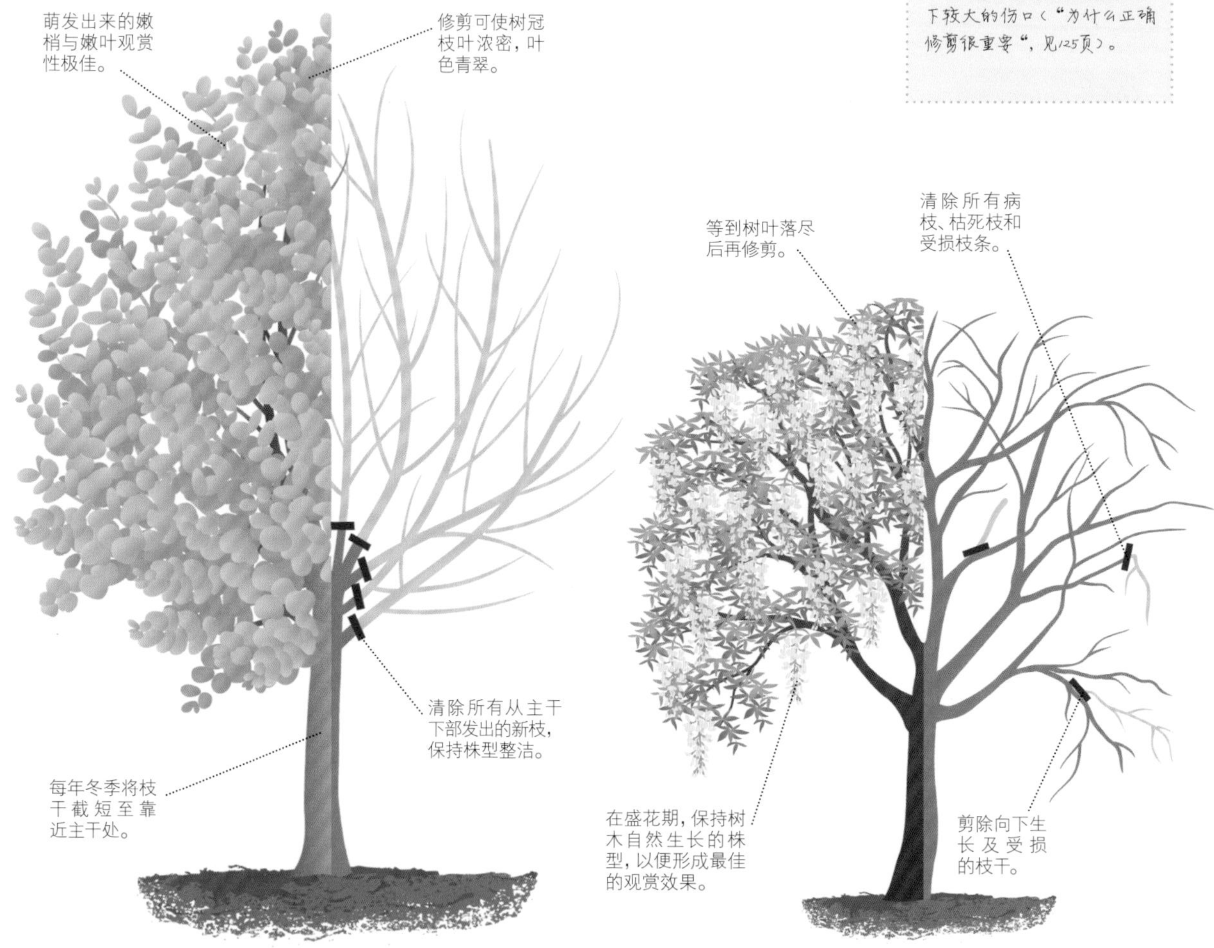

观叶树

将树枝截短至贴近主干的位置，促使树干萌生出更多的新枝新叶，柳树、桉树都可以采取这种修剪方式。每年冬季或每隔两年的冬季修剪一次即可。

观花树

当树木处于盛花期时，尽量避免修剪，最大限度地让它们保持自然生长，否则会使花量减少。过度修剪还会刺激枝叶生长，抑制开花。

针叶树

针叶树一般都可以长成自然优美的株型。除非受到病害侵害，否则不必刻意修剪。尤其要注意不要将针叶树顶端的树梢剪断，那样十分不利于它们的自然生长，株型的观赏性也会大打折扣。

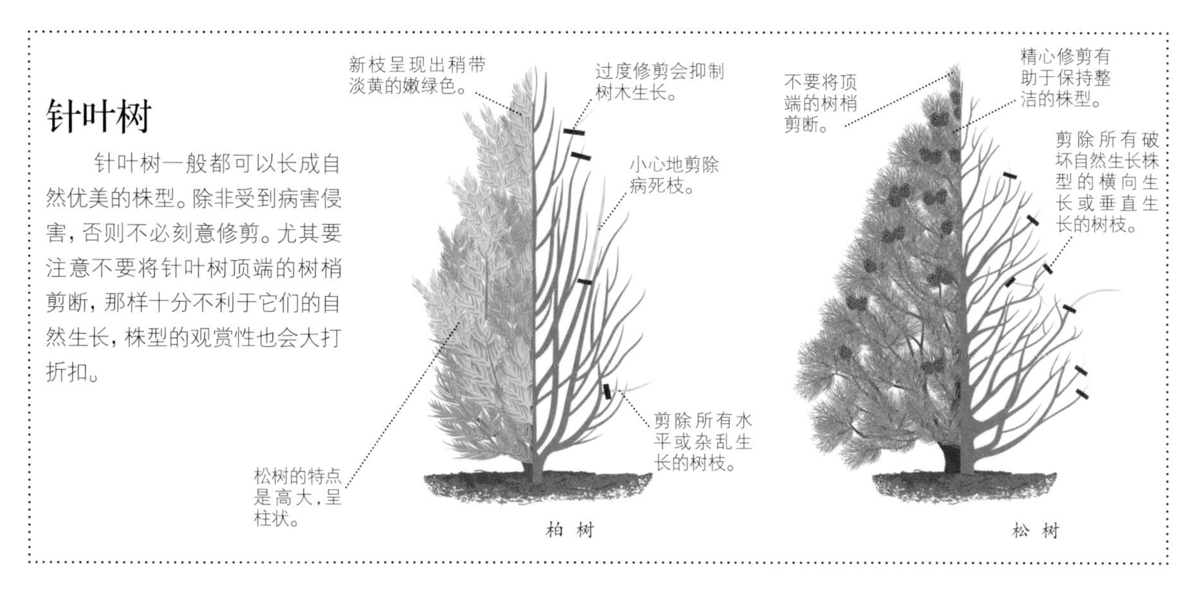

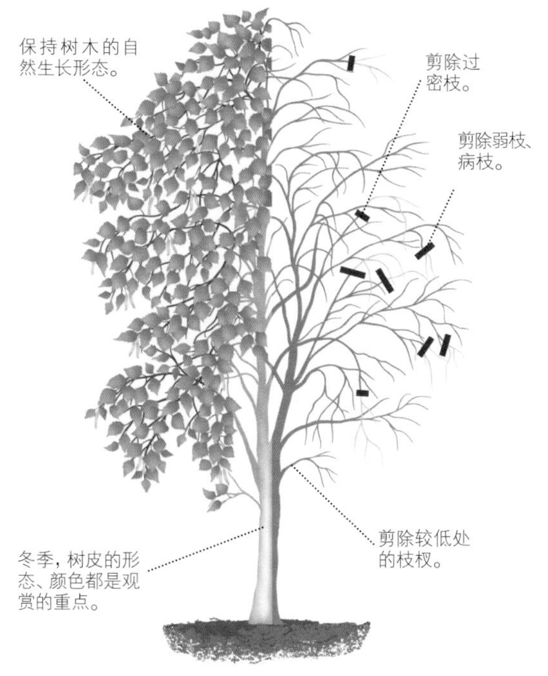

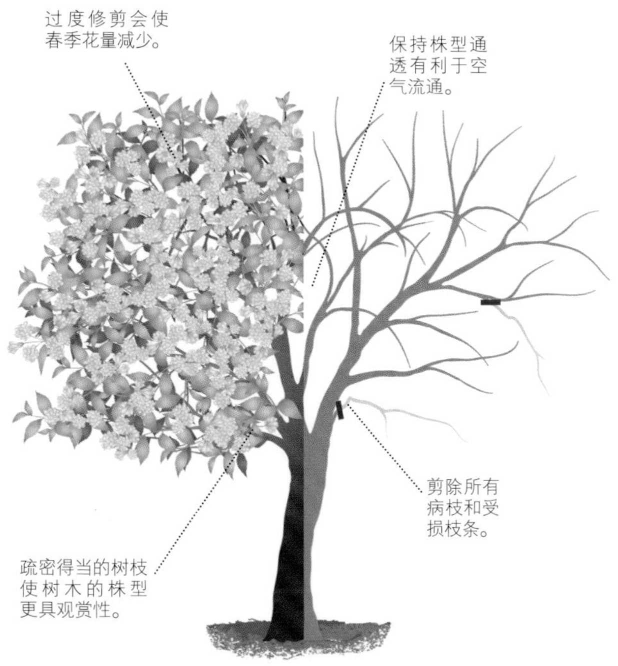

观枝树

这类树木的树枝和树皮是观赏重点，需要正确修剪以保持良好株型。修剪要点在于保持树木的自然形态，但要将较低的枝杈和过密枝剪除，这样有利于在冬季观赏独具特色的树皮。

观花（果）树

精心修剪才能保证这类树木全年的观赏性。修剪时，只剪除病枝、枯枝、弱枝以及影响整体观赏性的枝条。大部分的树木以冬季修剪为宜，但观赏性樱桃树应在夏季修剪。

花园灌木

灌木一般是指没有单一主干、枝条丛生的树木，种类十分丰富。大部分灌木的寿命都很长，需要适宜的生长环境、充足的空间和定期的水肥保障。恶劣的气候、水肥供给不足以及错误的修剪都会影响灌木的健康生长。

常绿灌木

常绿灌木是许多花园的主角，有的是针叶树，有的是阔叶树，它们一年到头都可以保持郁郁葱葱的姿态，老叶会在夏季正常脱落。虽然灌木大多习性强健，但也容易受到霜冻和强风的伤害，需要一定的防护措施。

修剪

常绿灌木只需要在花后进行轻剪，清除开败的花朵、病死枝等。修剪一般应在春季或是花谢后进行。

常绿灌木的品种

常绿灌木有的以花色、花量见长，有的以紧凑的株型吸引目光，有的则是凭借多姿多彩的叶片成为花园焦点。

香气浓郁的花朵

紧凑美观的株型

全年常绿的叶片

多年生的地被灌木

落叶灌木

落叶灌木的叶片会在秋季脱落，对植物本身和园丁而言都有好处，因为许多害虫和病菌也会随着落叶离开植株。秋季叶片脱落前，落叶灌木凭借着叶片、枝干的艳丽色彩，往往可以呈现出壮观的景象。即便是在冬季，许多灌木的枝干也是皑皑冬雪中的可贵景观。

奇特的枝干

某些灌木以奇特的枝干著称，初见时可能会令人大吃一惊，例如“扭枝”欧榛的小枝造型奇特、弯曲盘旋。虽然这并不常见，但这是正常的生长状态。

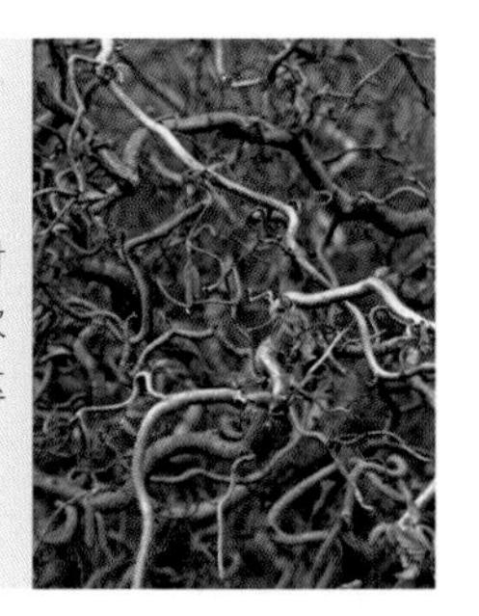

修剪

落叶灌木的修剪通常在花谢后或早春新枝尚未萌发时进行。

落叶灌木的品种

健康的灌木从春季到冬季都能提供可供观赏的风景。

冬季多彩的枝干

冬季盛开的花朵

繁茂的花叶

夏季盛开的诱人花朵

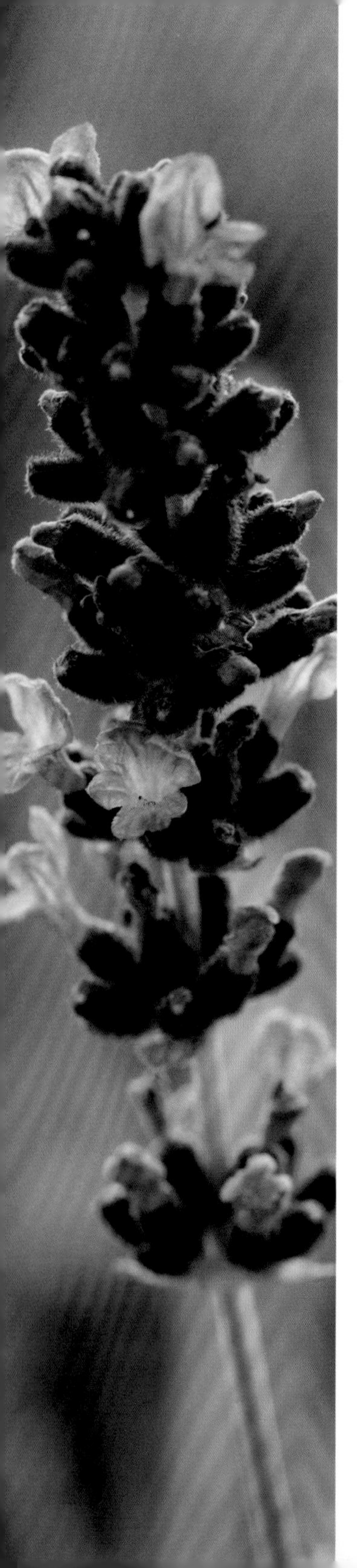

花园灌木的异常现象

尽管灌木的叶片和花朵也会受到病虫害和恶劣气候的影响，但是情况通常不会太严重。植物感染病虫害通常先反映在叶片上，因此，平时要注意观察叶片是否有感染病虫害的迹象，检查时不要忽略因缺乏营养元素导致的叶片发黄。

为什么出现整个枝杈枯死的情况？

树皮或枝干处是否有物理损伤的痕迹？

受损的树枝往往会枯死，其他树枝不受影响。强风、暴雨、松鼠和野兔都会导致这种现象出现。

各种真菌性疾病严重时可能会导致树枝枯死，如蜜环菌病（见183页）、疫霉根腐病（见185页）、黄萎病（见187页）。

是什么在啃食灌木？

是否主要是新长出的嫩叶被啃食了？

许多害虫都以灌木的嫩叶为食（“盲蝽”，见181页；“毛虫”，见181页；“松白条尺蠖蛾”，见187页）。

枝干与树皮是否也被啃食？

可能是鹿、老鼠或松鼠造成的（见182页）。

叶片变色，且萎蔫了。

叶片表面是否有斑点或是条纹？

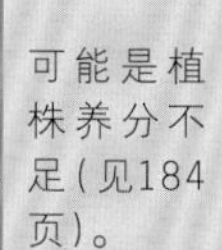

可能是植株养分不足（见184页）。

可能是红蜘蛛引起的（见185页）；也可能是病毒感染（见187页）。

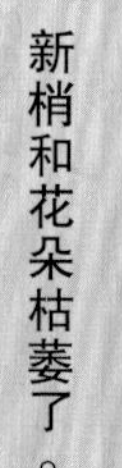

新梢和花朵枯萎了。

夜晚温度是不是很低？

可能是霜冻引起的，病情不会扩散。

顶梢枯死（见182页）；火疫病（见183页）；灼伤（见135页）。

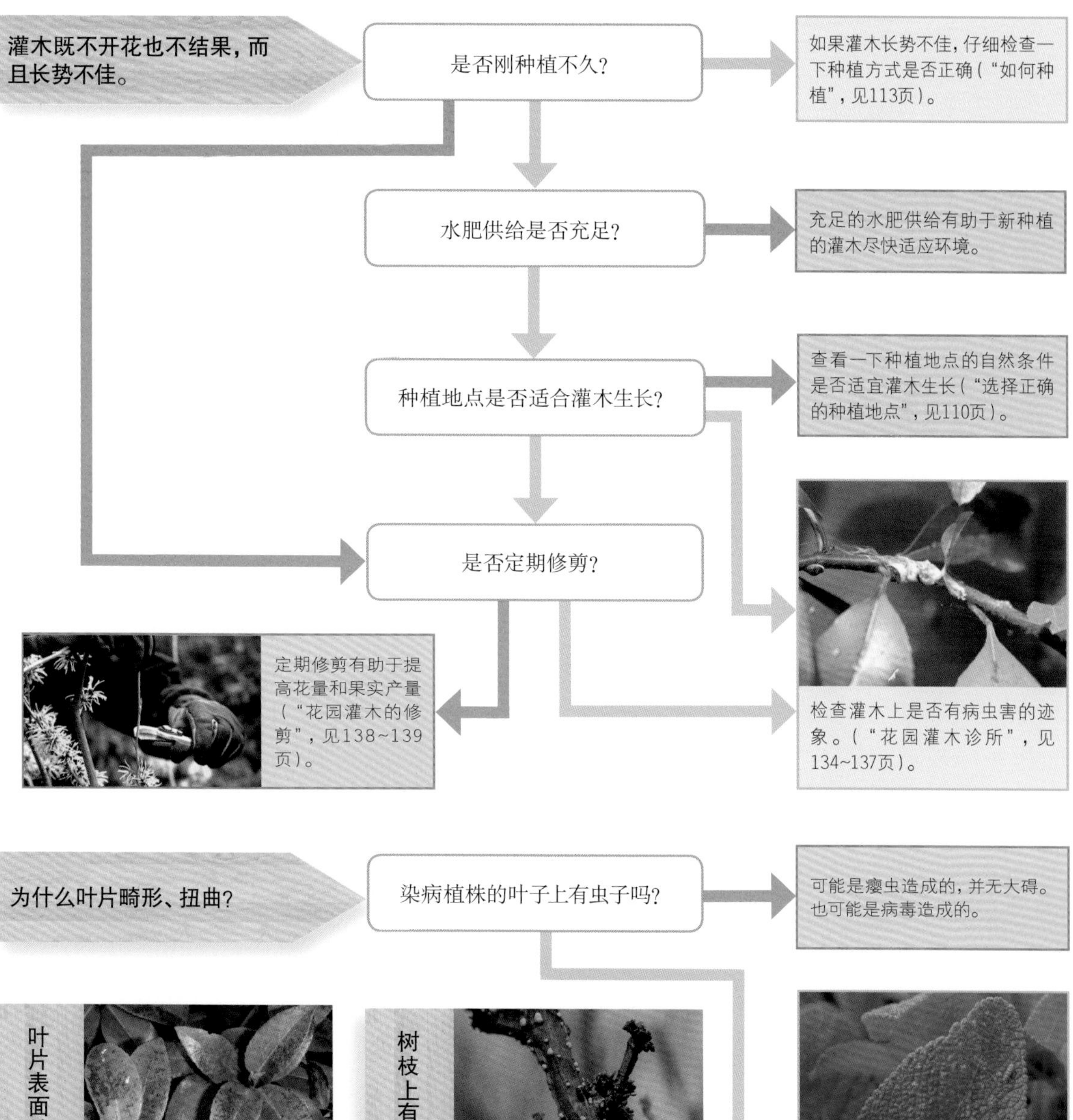

灌木既不开花也不结果，而且长势不佳。

是否刚种植不久？

如果灌木长势不佳，仔细检查一下种植方式是否正确（“如何种植”，见113页）。

水肥供给是否充足？

充足的水肥供给有助于新种植的灌木尽快适应环境。

种植地点是否适合灌木生长？

查看一下种植地点的自然条件是否适宜灌木生长（“选择正确的种植地点”，见110页）。

是否定期修剪？

定期修剪有助于提高花量和果实产量（“花园灌木的修剪”，见138~139页）。

检查灌木上是否有病虫害的迹象。（“花园灌木诊所”，见134~137页）。

为什么叶片畸形、扭曲？

染病植株的叶子上有虫子吗？

可能是瘿虫造成的，并无大碍。也可能是病毒造成的。

叶片表面被粉尘覆盖。

如果是白色的粉尘就是白粉病（见185页）；黑色或褐色的粉尘就是煤污病（见136页）。

树枝上有橘色的斑点。

这是珊瑚斑病，一种真菌性疾病。树龄较大或是长势较弱的植株经常感染这种疾病（“花园灌木的修剪”，见138~139页）。

许多害虫都可能会导致叶片变形（“蚜虫”，见137页；“介壳虫”，见137页；“潜叶虫”，见137页；“蓟马”，见186页）。

花园灌木诊所

花园灌木大多习性强健，只要生长条件适宜就能保持旺盛长势，轻微的病虫害不会对其造成太大影响。但也不能掉以轻心，为了避免小病患发展成为大威胁，一定要选择适宜的种植地点，并且经常是否有感染病虫害的迹象以便及早发现问题。

为什么灌木不结浆果？

只有经过授粉的雌花才能结出浆果。有些灌木为雌雄同株，单株种植也可坐果。有些则为雌雄异株，需要将雄株与雌株靠近种植，以便于授粉。此外，如果修剪时机不当，也会抑制植株结果。

Q 为什么茶花叶片上出现褐色的斑点？

A 山茶叶枯病是一种真菌性疾病，在潮湿、多雨季节发病率很高。染病叶片会出现褐色斑点，进而脱落。严重时可能会导致植株死亡（见181页）。

Q 为什么花朵会变成褐色而且畸形？

A 暴雨会损毁花瓣，使花瓣伤痕累累，甚至脱落。即便是剩下的花瓣，也会慢慢枯萎或霉变，在潮湿环境中，病情更加恶化，需要及时剪除所有受影响的花朵。

春天长出的绿叶

花叶品种长出的纯绿色叶片

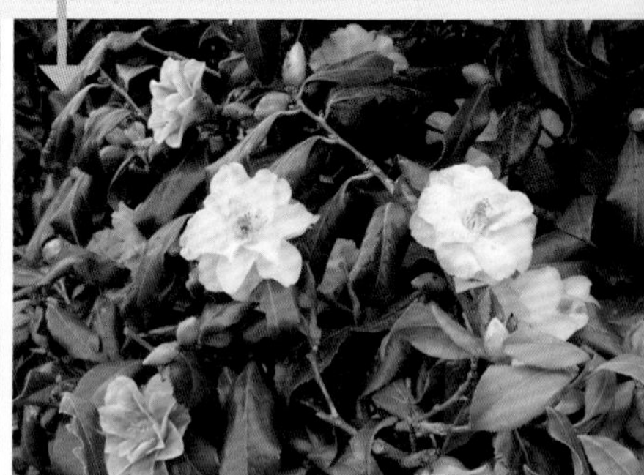

暴雨过后的受损花朵

Q 是霜冻损害了植物吗？

A 霜冻对灌木的伤害多种多样，但受损最严重的还是春季刚长出的嫩芽、嫩叶。受到霜冻损害的叶子和枝干会变成褐色或黑色，最后枯萎而亡，但未受损的枝叶生长不受影响。在气候条件改善后，剪除所有被霜冻损伤的枝叶。

Q 为什么花叶灌木长出纯绿色的叶片？

A 花叶灌木的亲本都是纯绿色灌木，花叶是选育出的突变品种。因此，花叶灌木在生长过程中，有时候会长出和亲本一样的纯绿色叶片，而且这些叶片相较于花叶，长势更加旺盛，必须及时剪除。

Q 是什么在偷吃薰衣草？

A 背上有金属色条纹的迷迭香甲虫的幼虫喜欢以迷迭香和薰衣草属植物为食（见186页）。

Q 盆栽灌木出现了什么问题？

A 盆栽灌木需要经常浇水、施肥才能健康生长。叶片萎蔫干枯是植株缺水的表现，如果不及时浇水，叶片会迅速变黄，脱落。杜鹃这类春季开花的植物，如果在夏季缺水，第二年春季的花量会受到很大影响。如果盆栽植物多年未更换种植介质，也没有及时添加有机肥，就会出现叶片发黄、稀疏，生长停滞的现象（见114页）。

缺水的灌木

养分不足的灌木

健康的植株

健康的叶片

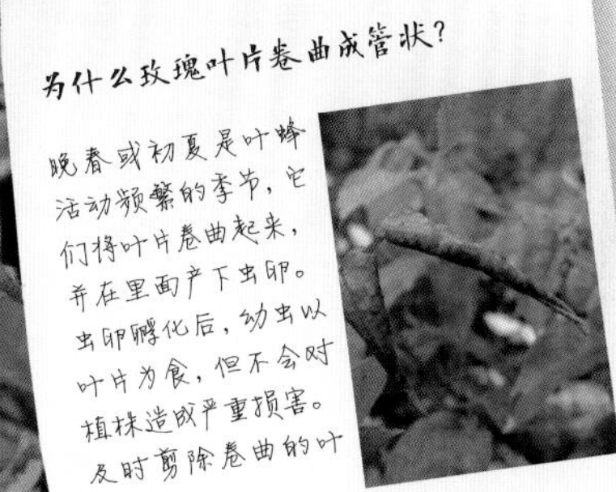

Q 为什么叶片上会有褐色斑点？

A 叶片上出现的圆形褐色斑点有时会不断扩大，甚至会连成一片，这是真菌性叶斑病。这种真菌性疾病在潮湿环境中扩散得很快，灌木因虫害或其他原因的影响而长势变弱时，尤其容易感染此病（见183页）。

Q 如何辨别叶片灼伤？

A 强烈的阳光会灼伤灌木的叶片，尤其是嫩叶和花瓣。灼伤的叶片或花瓣会变得像白纸一样脆弱，有时会变褐枯死。叶片上的水珠会使阳光的灼伤效果加剧。

Q 月季出现了什么问题？

A 月季容易感染许多病虫害。黑斑病是一种在春夏季常见的真菌性疾病，染病植株的叶片边缘变得粗糙，出现黑斑，叶片逐渐发黄、脱落。严重时植株叶片将全部脱落，但一般很快就会长出新叶。锈病也是一种常见的真菌性疾病，染病叶片上出现铁锈色的斑点，严重时也可导致叶片脱落。晚春至夏初这段时间锈病爆发率较高（“月季黑斑病”，见185页；“锈病”，见186页）。

月季黑斑病

锈 病

Q 为什么十大功劳的叶子变色了？

A 十大功劳的叶片如果变成亮黄色、橘色或是红色，表面还有明亮的橘色斑点，很可能就是感染了锈病。锈病菌可以随冬季落叶越冬，等到天气回暖、潮湿时再次爆发，但一般不会对植株造成严重伤害。各种灌木都可能染上不同的锈病，但大多数情况下植株受害都不太严重（“锈病”，见185页）。

健康的月季

健康的茶花叶片

染病的十大功劳叶片

Q 为什么有的灌木在冬季死亡？

A 有许多品种的灌木抗寒性很强，种植时要选种抗寒性强的品种。同时还要注意种植地点的选择，尽量避免在“霜畦”种植。在极度严寒的环境中，即便是耐寒的品种可能也无法顺利过冬。此外，土壤排水性不良也会导致薰衣草、岩玫瑰这些喜阳植物死亡。

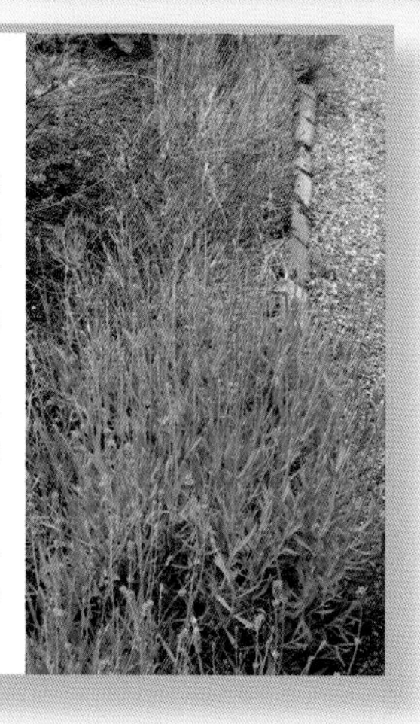

Q 如何辨别煤污病？

A 感染煤污病的植株叶片表面往往有黑色的霉菌，有的还有昆虫留下的黏液（见186页）。叶片上的黏液，可能是介壳虫留下的，需要警惕这种讨厌的害虫，及时剪除所有染病枝叶。

Q 树枝折断会对灌木造成严重损伤吗？

A 强风、积雪以及修剪不当都可能导致树枝折断。折损树枝上的树叶会迅速枯萎，死亡。应该使用锋利的修剪工具将受损树枝彻底剪断，处理好创口以预防病虫害。

染病的黄杨枝条

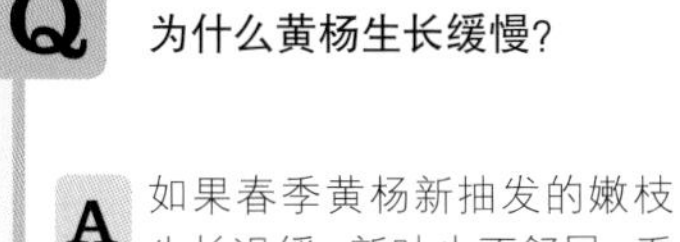

Q 为什么黄杨生长缓慢？

A 如果春季黄杨新抽发的嫩枝生长迟缓，新叶也不舒展，看起来皱皱的，那么肯定是虫害导致植株生长迟缓。如果是成年黄杨，那么无需进行处理，轻微虫害不会造成太大影响。但若是刚移植的黄杨幼苗，就需要提高警惕（见181页）。

诊断表

	症状	诊断
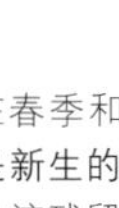	在春季和夏季，**叶片（尤其是新生的嫩叶）**畸形，还有黏液残留。叶片和枝干上还能发现一簇簇的昆虫幼虫。	**蚜虫**是小型的以吸食汁液为生的害虫，有的是绿色，有的黑色，也有褐色和粉色，几乎所有的灌木都可以是它们的食物。蚜虫们繁殖速度很快，会对嫩叶造成严重危害（见180页）。
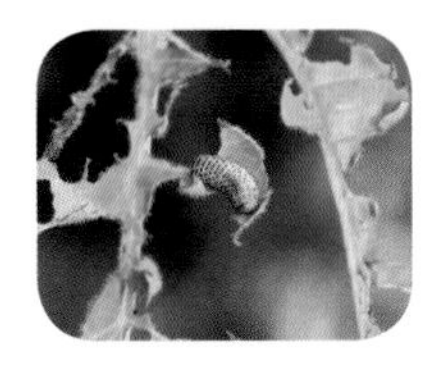	**在晚春和初夏**，荚蒾属植物的叶片被迅速啃食，有时能看到幼虫。幼虫多为黄色带有黑色斑点。遭受虫害的植物落叶严重。	**荚蒾甲虫**可以躲在树皮里过冬，在春季孵化幼虫。它们以啃食树叶为生，但一般不会对植物造成太大危害（见187页）。
	从春季到秋季，**许多灌木叶片边缘有被啃食的缺口**，以杜鹃花和八仙花受害最为严重。植株可能因此生长缓慢。	**成年的葡萄象甲虫**是一种小型的黑色害虫，在夜间啃食树叶为生。它们头部呈褐色，身体经常卷缩成 （见187页），它们通常从基部开始啃食树皮，影响植株生长。
	**叶片背面有褐色或白色的蜡质凸起**，有时候树干上也能发现类似痕迹。有时叶片表面还会出现黏液和类似煤污病的菌斑。	**介壳虫**种类很多，几乎可以危害所有的灌木，而且它的外壳坚硬，很难被杀灭。几乎全年都可以发现介壳虫的身影，它们一般在夏季产卵（见186页）。
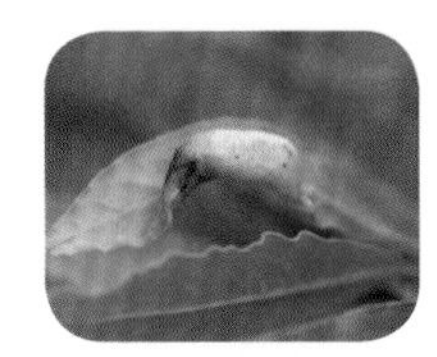	在夏季，**月桂叶片边缘变得粗糙**，颜色发黄且向内卷曲，随后叶片变成褐色，干枯死亡。通常只有叶片的一边会出现这种症状。	这是一种棕色的**以吸食叶片汁液为生的害虫**造成的，它们会使叶片变形。一般来说危害并不会太严重，不用特殊处理。
	**许多灌木的叶片**可能会布满线状的奶油色或褐色斑痕，这通常是由于叶肉组织受到损害造成的。但是植株的整体生长不会受到太大影响。	**潜叶虫的幼虫**在植株叶片的上下表皮之间蚕食叶肉形成黄白色的迂回曲折的潜道。通常这种伤痕不会影响植物生长，不需要特别处理。

花园灌木的修剪

花园灌木经过适当修剪后能有效增加开花量，而修剪不当则会将大量的开花枝剪掉。因此，要了解何时进行修剪，掌握正确修剪不同灌木的技术，促进灌木多开花，为花园增添缤纷的色彩。

如何修剪常绿灌木？

除了清除那些病枝或是因为霜冻死亡的枝条，大部分的常绿灌木只需要轻剪。修剪的基本原则是，无论是整理株型还是控制植株生长规模，最佳修剪时机都是在花谢后。修剪时，将枝条截短至健康芽点处，同时，清除枯枝、死枝。

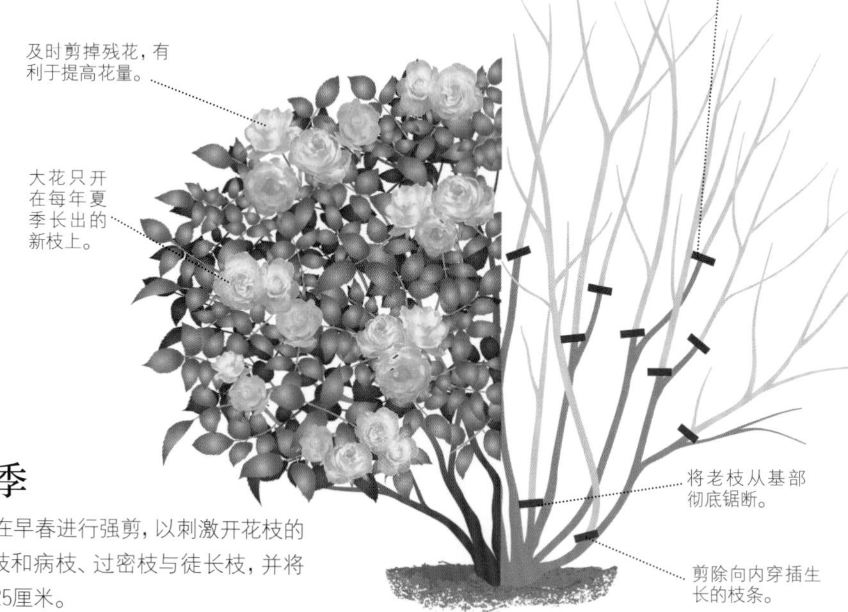

杂交茶香月季

这种月季适合在早春进行强剪，以刺激开花枝的生长。彻底剪除弱枝和病枝、过密枝与徒长枝，并将剩下的枝条截短至25厘米。

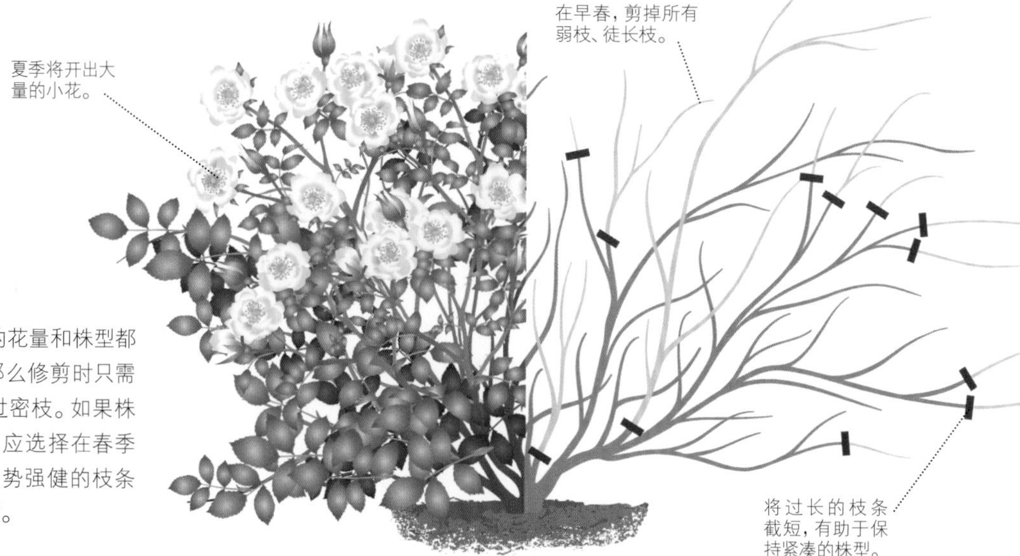

庭院月季

如果月季的花量和株型都保持得不错，那么修剪时只需要清除死枝或过密枝。如果株型杂乱不紧凑，应选择在春季进行修剪，将长势强健的枝条截短一半的长度。

夏季修剪

连翘和溲疏等植物都是在春季或初夏开花，修剪应选择在夏季花开败后进行。截短开花枝，剪除病枝、弱枝，每年还应从基部彻底剪除1/5的老枝以促进强健的新枝萌发。

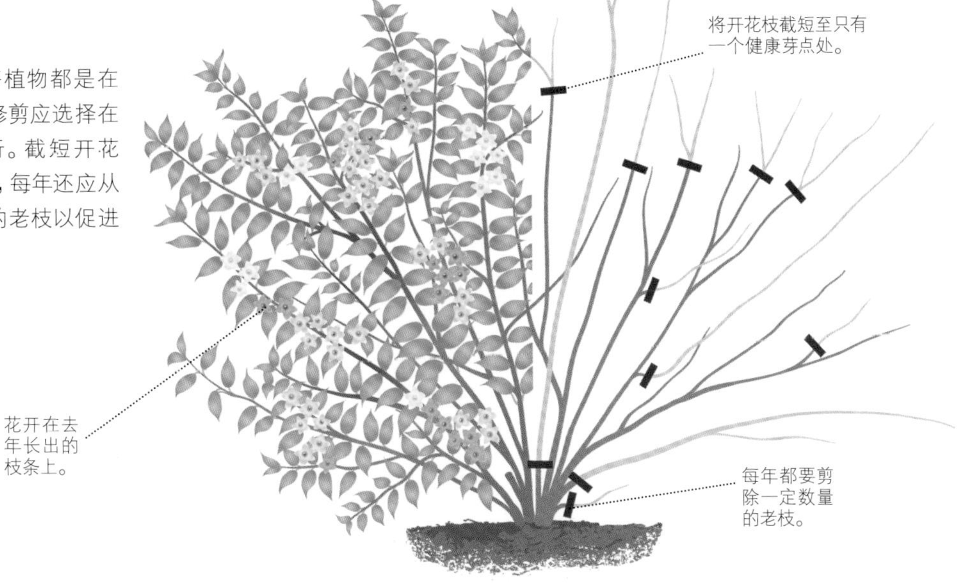

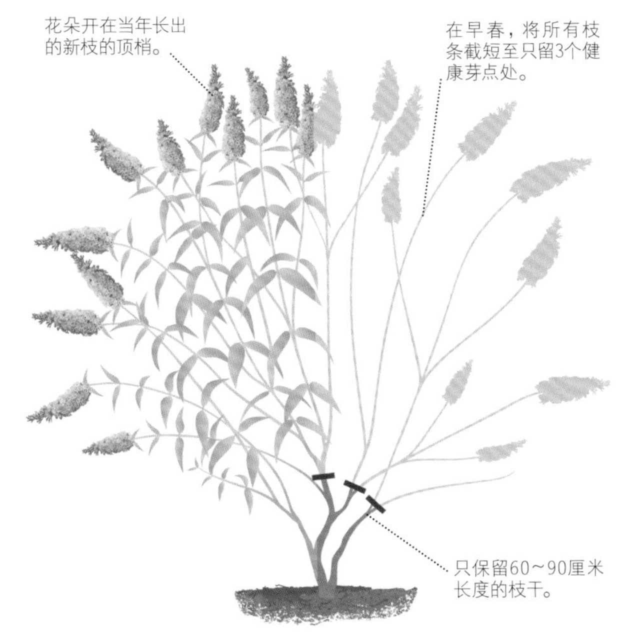

每年都进行修剪也可限制植物的生长规模。

在早春，将所有枝条都截短至基部。

清除过密枝和斜向生长的树枝。

只有新长出的嫩枝才有观赏价值。

春季修剪

夏季开花的灌木一般在当年新长出的枝条上开花，春季是最好的修剪时机。如醉鱼草就是可以强剪的品种，在早春，将所有枝条截短，只保留60~90厘米的老枝。

观枝灌木

一些灌木品种主要以观赏冬季的枝条为主，四照花、柳树等的枝干都有很高的观赏价值。为了营造更好的视觉效果，应在早春将所有枝条截短至基部。

攀缘植物

攀缘植物种类丰富，既有枝条纤弱的一年生植物，也有大型的足以覆盖建筑物的外立面的多年生木本植物，其叶片、花朵及果实都具有观赏性。攀缘植物习性强健，只有在不良的生长条件下或修剪、管理不当时才会长势不佳。

吸附类攀缘植物

这类攀缘植物的茎生长迅速，从茎上会抽出许多细小的须，它们无需任何帮助，就能紧紧地吸附在支撑物或是建筑物的外立面上。这类植物习性强健，长势惊人，往往需要特别注意控制其生长范围，而不需太担心发生几率不大的病虫害。

损坏墙壁

攀缘植物能够吸附于建筑物的表面，但卷须有时候会深入墙壁上的缝隙损坏墙壁，要及时清理，避免攀缘植物损坏屋檐和排水管。

吸附类攀缘植物品种

这些植物在阴面的墙壁上生长迅速，一年四季都具有很高的观赏价值。

夏季的繁花

常绿的叶片

秋季色彩斑斓的彩叶

卷须类攀缘植物

许多攀缘植物在长梢上会形成弯曲盘旋的卷须，借助卷须攀附它物而向上生长的，将它们捆扎在合适的支撑物上有助于植物的生长。这类植物的卷须长且柔弱，容易遭受病虫害。

攀缘向上

卷须并不是攀缘植物唯一的攀缘方式。卷曲的叶片或是长茎同样能帮助植物向上生长。例如牵牛花就是依靠茎卷曲在支撑物上而生长的。

卷须类植物的品种

许多卷须类攀缘植物在长日照环境中生长旺盛。某些品种较为纤弱，但是它们只需要一定的照料就能绽放美丽的花朵。

习性强健的外来攀缘植物

强健的一年生植物

纤弱的一年生植物

多年生攀缘植物

适宜的支撑物

卷须在生长初期尚不具备主动攀缘的能力，需要将它们固定在铁网、灌木的枝杈这类支撑物上。木网格架是攀缘植物理想的支撑物。

攀缘植物的异常现象

如果种植条件不佳或是缺乏适宜的支撑物，即便是习性强健的攀缘植物也会面临一系列问题。在春季和夏季注意检查攀缘植物新长出的枝条是否健康、强壮，及时将新枝捆扎在支撑物上，还要仔细检查繁茂的叶片下是否藏有害虫。

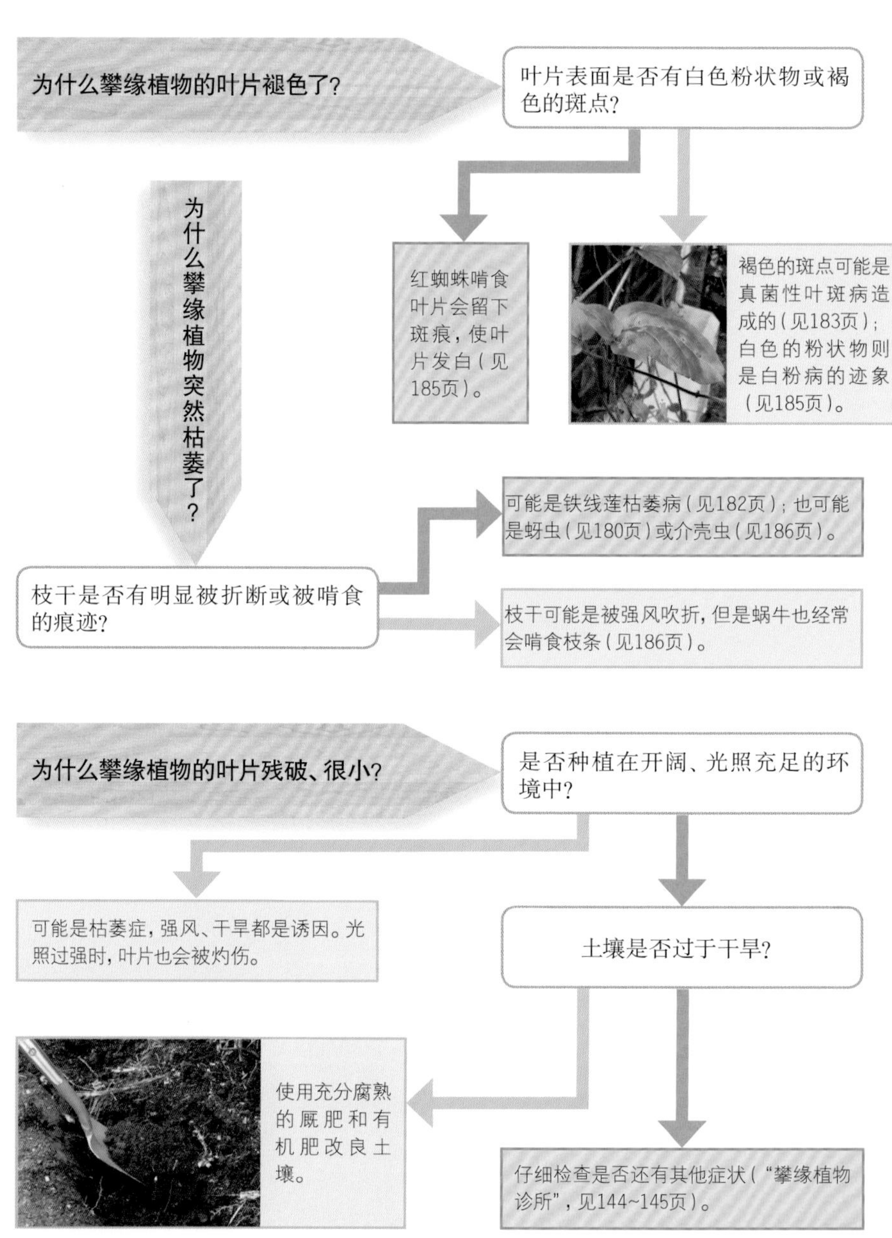

为什么攀缘植物长势不佳？

开花位置太高，都看不见花朵了。

新枝长得过快，已经超出支撑物了。

植物蔓延得太快了，花园都要被挤满了。

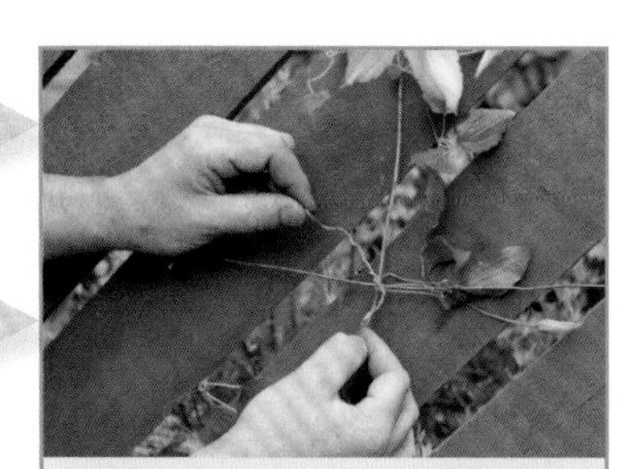

你的植物亟需修剪、整型（“攀缘植物的修剪”，见146~147页）。

是否刚种植不久？

种植地点是否适合攀缘植物生长？

检查一下植物的生长环境（“选择正确的种植地点”，见110页）。

定期浇水了吗？

定期浇水、施肥是攀缘植物健康生长的必要条件。

是否种在墙或栅栏旁边？

围墙和栅栏下面的土壤一般比较干旱，需要定期给植物浇水。

仔细检查是否还有其他症状（“攀缘植物诊所”，见144~145页）。

为什么藤本月季、铁线莲和紫藤花量偏少？

定期修剪植株了吗？

每年春天都施肥了吗？

正确修剪能刺激开花，增强植株的长势（“攀缘植物的修剪”，见146~147页）。

看看修剪修剪时机是否正确（“攀缘植物的修剪”，见146~147页）。

定期施肥很重要（“日常养护”，见116页）。

检查是否有病虫害迹象。（“攀缘植物诊所”，见144~145页）。

攀缘植物诊所

攀缘植物经常种在墙角或是栅栏边，这些地方的土壤条件不佳，植物出现一些常见的病虫害也就不奇怪了。但是如果照料得当，适时提供支撑物辅助植物攀缘，并定期进行修剪，习性强健的攀缘植物就能够健康生长，而且具有很强的抵御病虫害能力。

介壳虫吗会对植株造成严重危害吗?

种植在墙边的攀缘植物上的介壳虫尤其活跃，在茎、叶片背面经常会发现它们。它们吸食汁液为生，容易诱发煤污病，使叶片失去进行光合作用的能力（“介壳虫”，见186页；“煤污病”，见186页）。

Q 为什么攀缘植物的攀缘效果不佳?

A 所有的攀缘植物，即使是攀缘能力最强的常春藤，在生长初期都需要人工干预，让它们向正确的方向生长。选择适宜的支撑物，帮助攀缘植物快速生长。

Q 如何辨别攀缘植物上是否出现了蚜虫虫害?

A 攀缘植物的嫩叶、嫩梢是蚜虫难以抵抗的诱惑。蚜虫繁殖速度很快，多为黄色或褐色，会蚕食叶片、嫩芽的速度也很快。（“蚜虫”，见180页）。

被蜗牛啃食的叶片

盛花的紫藤

甜豌豆上的蚜虫

Q 什么东西在啃食攀缘植物?

A 白天，蜗牛经常躲藏在栅栏、墙壁或是格架中，而到了夜间，它们就会出来啃食叶片和花朵，甚至能够将枝干啃折。如果植株基部被啃食破坏了，那么将导致大面积的植株枯萎（见186页）。

Q 为什么紫藤不开花?

A 生长良好的紫藤花量很大，经常在春季开出壮观的花瀑。在夏末，将生长过长的枝条截短，使植株的养分可以集中供给给开花枝，有助于第二年春季的开花。此外，通过整型，尽量让长枝水平生长，这也有助于提高花量。

诊断表

	症状	诊断
	常春藤的叶片出现**褐色或是灰白色圆斑**，有时还有凸起的小斑点。受感染的叶片上斑点很多。	**常春藤叶斑病**是一种常见的真菌性疾病，全年都可能发病。尽管受感染的叶片看起来不美观，但并不会影响植株的整体健康，所以无需采取特别的应对措施。
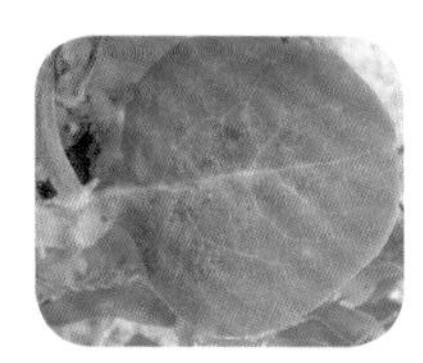	**叶片表面覆盖了一层粉状物质**，导致叶片提前脱落，可能会蔓延至茎、花。夏季到初秋，植物会经常出现这种症状。	**白粉病**是一种真菌性疾病。靠墙种植的攀缘植物尤其容易感染此病（见185页）。

Q 植株感染铁线莲枯萎症后，还能恢复健康吗？

A 铁线莲枯萎病是一种真菌性疾病，染病的铁线莲地上部分会迅速枯萎死亡。尽管枯萎病来势汹汹，但大部分植株都会从基部抽出新枝，及时将枯萎的枝条剪除即可（见182页）。

被啃食的叶片

适度生长的攀缘植物

为什么顶端和侧枝上的叶片变成褐色且干枯？

可能是强风造成的。及时将死枝剪除，多浇水，在迎风面立起挡风屏障就能促进植株复原。

Q 叶片边缘的缺口是什么造成的？

A 象甲虫从春季至秋季都会啃食植物。象甲虫虫体呈亚光黑色，夜间啃食叶片时很容易被发现。这种害虫只啃食叶片边缘，所以对大部分攀缘植物的伤害并不大。然而，这种害虫会严重危害攀缘植物附近其他植物的生长，所以应当注意并加以防治（见187页）。

Q 如何防止植物生长失控？

A 一些攀缘植物在夏季的生长速度惊人，可以迅速蔓延，覆盖周边的植物，甚至能够长到屋檐上去。避免这种情况的唯一方法就是每年至少要在春季或是花谢后修剪一次。如果修剪后还是无法控制其生长速度，就要考虑移植到其他的种植地点（“攀缘植物的修剪”，见146~147页）。

攀缘植物的修剪

长势繁茂的攀缘植物往往让园丁不知从何处着手进行修剪，但是，如果找到修剪的窍门并坚持每年修剪一次，你就会发现驯服这种强健的植物也不是什么难事。修剪的基本原则就是首先要为攀缘植物选择一个稳固的支撑物，然后在适当的修剪时机针对不同品种攀缘植物采用不同的修剪方式。慢慢的你就会发现，经过定期修剪的攀缘植物不仅花量繁多，也不会过度生长，损害屋檐和排水管了。

修剪的最佳时机

攀缘植物大致可以根据开花枝分为在当年新长的枝条上开花和在上一年长出的枝条上开花两类。早春是修剪那些在嫩枝上开花的植物的好时机，而在木质化的老枝上开花的植物，则要等到花谢后再修剪。

紫藤

紫藤株型优雅，夏季能够长出纤长且细嫩的枝条。修剪时要么将枝条调整为水平生长，要么在夏末将枝条截短至只保留6对叶片以刺激开花。冬季，将枝条再次截短至只留3个芽点处。

藤本月季

在种植后的头两年，所有的死枝、弱枝都要彻底剪除，同时将长枝调整为水平生长以刺激开花。两年后，每年秋季都将所有侧枝截短2/3。

铁线莲

铁线莲的修剪方式稍为复杂一些，因为3种不同类型的铁线莲需要不同的修剪技术。第一类是不需要经常修剪型。这类铁线莲不需要每年都修剪，如果长得太大的话可以在春季开花后进行修剪。常绿铁线莲、高山铁线莲和蒙大拿铁线莲等所有原种及其栽培品种，都适用这类修剪方式。第二类是轻剪型或选择式修剪型。例如“繁星”这种在上个季节的老枝上开花的品种，应在早春截短枝条，保留健康、强壮的芽点。第三类为重剪型，也就是晚花型铁线莲，例如甘青铁线莲。这类铁线莲在当年抽发的新枝上开花，应在早春将枝条截短至靠近基部的健康芽点以上的位置。

第一类 不需经常修剪型（早花型铁线莲）

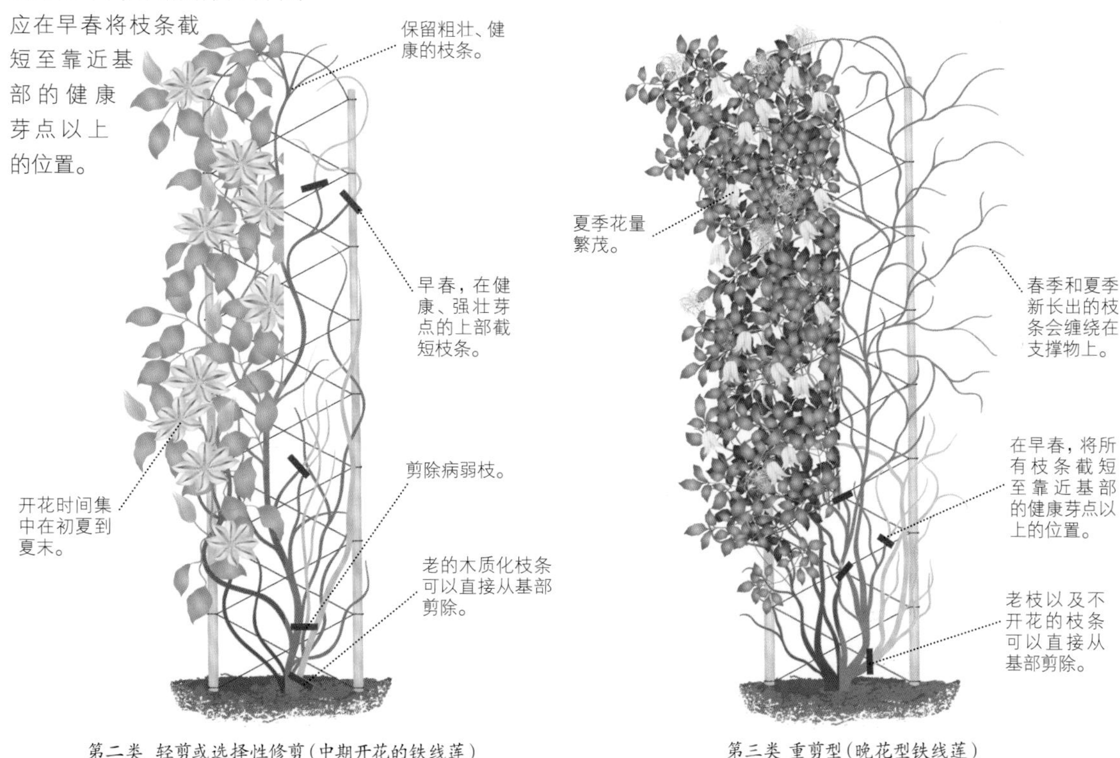

第二类 轻剪或选择性修剪（中期开花的铁线莲）

第三类 重剪型（晚花型铁线莲）

急救

多年生、球根和花坛植物

这类植物品种丰富，花型、花色种类繁多，在花园里可以组合成色彩缤纷的美丽花境。接下来，我们将分类介绍多年生植物、球根植物及花坛植物的生长习性和养护要点。问答流程图中简要介绍了植物常见病虫害的辨别与防治。

多年生植物

多年生植物的地上部分每年秋季都干枯死亡，而地下的块茎、鳞茎等则可以顺利越冬存活到下一个生长季，来年春天会长出新的植株。随着地上部分的枯死，病虫害也随之消失，因此，多年生植物不易感染病虫害，养护难度不大。

多年生地被植物

该类植物最突出的特点是生长迅速，浅根萌发速度很快，能够迅速覆盖地面。地被植物习性强健，不易受到病虫害影响，可以在贫瘠环境中生长。

绿色“地毯”

地被多年生植物生长迅速，观赏效果很好。也正是因为其生长迅速，叶片浓密肥厚，杂草很难与它们竞争。

地被植物品种

强健、常绿的地被植物是填补花园空隙，尤其是在乔木和灌木下部空间的良好选择。

冬季和春季的多彩叶片

竹叶草

常绿叶片

夏季的繁花

从生的多年生植物

许多常见的多年生丛生植物都有纤维状的根系，每年都会长出新植株。另一些品种每年都会从主根上萌发出新植株，形成丛生的植群，让移栽和分株变得困难重重。

丛生的竹林

竹子是大型的禾本科常绿植物，有长节茎。竹子通过地下匍匐的根系成片生长。

定期摘除残花能延长植株整体的观赏期。

在干旱季节，大叶片会迅速枯萎，但一旦补水及时，它们能很快复原。

纤弱的新枝容易受到霜冻以及蜗牛、小毛虫等的危害。

象甲虫的幼虫会侵蚀根系；根腐病也可能导致叶片脱落。

丛生多年生植物的品种

丛生的多年生植物品种繁多，你总能从中找到适合的品种。选择那些能够适应当地自然环境的品种，它们不但生长迅速还能抵御病虫害。

耐旱的植物

喜阳的多年生植物

夏末时绽放的花朵

诱人的花序

喜湿的多年生植物

早花品种

多年生植物的异常现象

在春季，保护幼嫩的多年生植物不受害虫危害是花园里的重要工作。等到多年生植物生长繁茂的时候，它们就具备一定的抵御病虫害的能力，但是依然不可掉以轻心，要注意观察叶梢、花蕾等容易受病虫害危害的部位以及时发现病虫害并尽早处理。

为什么多年生植物的枝干倒伏？

出现这种迹象的植株是否种植在花坛内侧或是荫蔽处？

一些多年生植物的茎干比较柔弱，需要额外的支撑才能直立生长（见154页）。

种植地点过于荫蔽或种植过密导致植株互相竞争养分，植株就容易长出细长易倒伏的枝条。移植到其他地点种植。

为什么植物逐渐萎蔫？

最近的气候是否非常干旱？

很多多年生植物在气候干旱时都会出现一定程度的萎蔫。坚持早晚各浇一次水，它们很快就能恢复过来。

土壤是否质地疏松且排水性良好？

即便早晚各浇一次水，植株在疏松的土壤也容易缺水萎蔫。适当加大浇水频率，保持土壤湿润。

植株上是否有病虫害迹象？

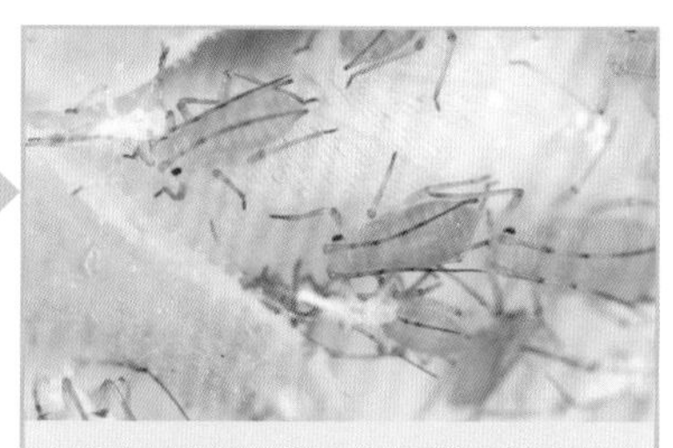

以吸食植物汁液和啃食茎干为生的害虫，容易导致植物萎蔫（“蚜虫”，见154页；“红蜘蛛”，见185页；“蛞蝓和蜗牛”，见156页）。

可能是植物的根系腐烂或被害虫啃食了，导致供水能力下降。（“切根虫”，见187页；“疫霉根腐病”，见184页；“象鼻虫”，见157页；“积水”，见154页）。

为什么植物不开花？

是否刚种植不久？

一些植物需要生长到一定程度才会开花。比如萱草从种植到盛花期，需要两三年的时间。

是否定期浇水、施肥？

有规律地浇水、施肥对新种植的植物而言非常重要。

种植地点是否适合植物生长？

检查一下植物的生长环境（“选择正确的种植地点”，见110页）。

检查一下植株是否有病虫害的迹象。（“多年生植物诊所”，见154~157页）。

如果是成年植株，最近是否进行了分株？

将种植多年的植株进行分株繁殖，能够促进植物更好地开花（见155页）。

是什么在啃食叶片？

可能是盲蝽（见181页）、毛虫（见181页）、叶峰幼虫（见154页）、蛞蝓和蜗牛（见156页）造成的。

为什么花朵变形而且有斑痕？

植物的其他部分是否健康？

可能是因生长环境不佳造成的（“选择正确的种植地点”，见110页）。也可能是由于感染了病毒（见187页）。

许多病虫害都会危害花朵。（“蚜虫”，见154页；“盲蝽”，见181页；“干旱”，见154页；“霜冻”，见154页；“红蜘蛛”，见185页；“蓟马”，见186页；“灰霉病”，见157页）。

为什么叶片变色？

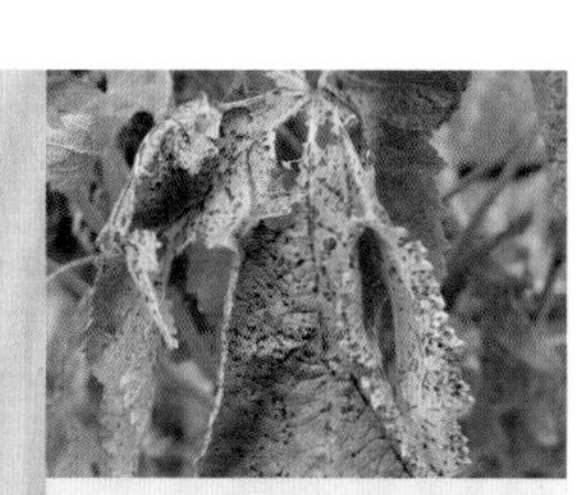

可能是霜霉病（见182页）、霜冻（见154页）、真菌性叶斑病（见157页）、灰霉病（见186页）造成的，也可能是除草剂引起的（见155页）。

多年生植物诊所

多年生植物一般不易感染病虫害，因为在秋冬季节，植物地上部分自然死亡，病菌和虫害无法躲藏在植株上过冬，也会随着消失。但依然需要对某些特定的病虫害保持警惕，尤其是要注意观察植物的嫩芽、嫩叶等容易受到侵害的部位。

蚜虫会对植物的危害大吗？

蚜虫常群集于植物的叶片、嫩茎、花蕾和顶芽等部位，刺吸汁液，使叶片皱缩。虫害严重时能使植株长势变弱。蚜虫还会散播多种病毒和疾病。（蚜虫，180页）。

Q 多年生植物是因为土壤过于干旱或过于潮湿而萎蔫的吗？

A 土壤过于干旱或者土壤积水导致根系腐烂，使水分无法输送到叶片，植株就会萎蔫，因此，都可能是植物萎蔫的原因。仔细检查土壤的排水情况，以确定萎蔫的具体原因。

Q 如何防止霜冻对植株造成破坏？

A 春季，植株幼苗叶片逐渐变成褐色，进而枯萎死亡，这是遭受霜冻危害的症状。因为植物春季开始萌发，但晚霜会对幼苗造成严重伤害。不要过早地将植物移植到户外栽培，春季覆盖地膜等措施能够预防霜冻的损害。

健康的植株

潜叶虫造成的损害

受到霜冻损害的叶片

Q 为什么健康的植株突然倒伏？

A 一些花朵较大的植物如果缺乏支撑物的辅助，容易出现折损、倒伏现象，尤其是在潮湿或者强风环境中。将这类植物的藤茎、长枝干用园艺线固定在支撑物上能够避免倒伏。

Q 潜叶虫会造成严重损害吗？

A 许多多年生植物的叶片上会出现迂回曲折的黄白色潜道。受害植株叶片干枯、脱落，严重时整株枯死。但通常情况下，潜叶虫仅对染病叶片造成损害，对植株整体不构成威胁。及时将染病叶片摘除，集中焚毁即可有效预防虫害扩散。

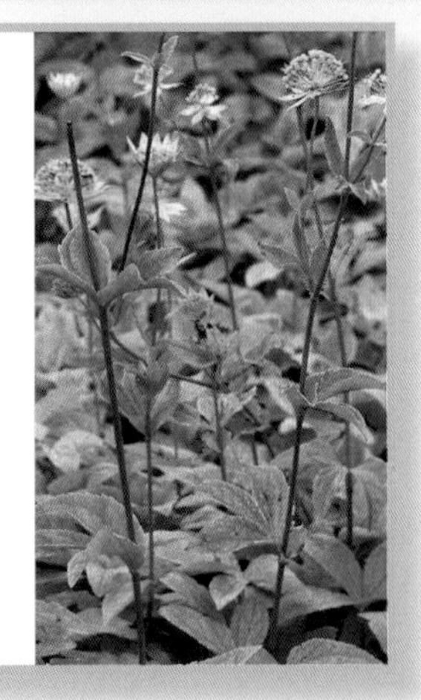

Q 如何辨别野兔造成的破坏?

A 如果成年植株突然折损或是有严重啃食的痕迹（尤其是自然条件良好的地区），野兔很可能是罪魁祸首。尽可能让这些“超级杀手”远离花园是唯一的预防措施。

Q 为什么成年植株花量减少?

A 许多丛生的多年生植物生长迅速，会出现外部枝条过密而中间枝条枯死的情况，花量也逐渐减少。秋季，将这些植株连根铲起，分株后再重新种植。经过分株繁殖的新植株经过秋、冬两季的生长，第二年就能重新恢复活力，开出漂亮的花朵。利用分株繁殖的机会，还可以清除土壤中的杂草，混入有机堆肥以改良土壤结构。

将植株挖出

分株

重新种植

健康的玉竹

健康的叶片

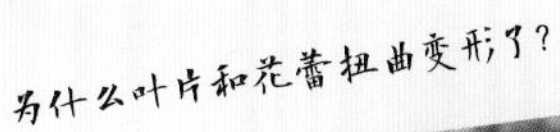

如果花园里刚刚使用过除草剂，被药剂喷洒到的植物很可能出现类似情况。成年植株一般能够很快复原，适当多浇点水即可。

Q 叶蜂会造成严重损害吗?

A 在春末夏初，叶蜂幼虫啃食叶片的速度很快，玉竹等植物尤其容易受到叶蜂虫的侵害。成年植株对叶蜂具有一定的抵御能力，但植株长势会受到影响。如果虫害在晚春集中爆发，对植物影响更大。定期检查植物，发现叶蜂幼虫后要及时清除（见186页）。

Q 为什么植株的叶梢干枯，易破损?

A 多年生植物的叶梢容易被阳光灼伤，最明显的症状就是叶梢变脆，叶片边缘出现褐色条纹。干燥的空气和猛烈的阳光都是出现灼伤的原因。为植物遮盖遮阳网，及时浇水能预防灼伤。

Q 如何控制地被植物的长势？

A 许多多年生地被植物生长迅速，能够在很短时间内用繁茂的绿叶和花朵铺满一大片区域。但这类植物侵略性太强，容易影响花园中其他植物的生长。幸运的是，地被植物的根系一般较浅，只要连根拔起就便可清除，将它们的生长范围控制在固定区域并不是太难。最好将生长过于迅速的地被植物根除以避免问题再次发生。

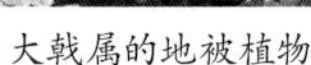
大戟属的地被植物

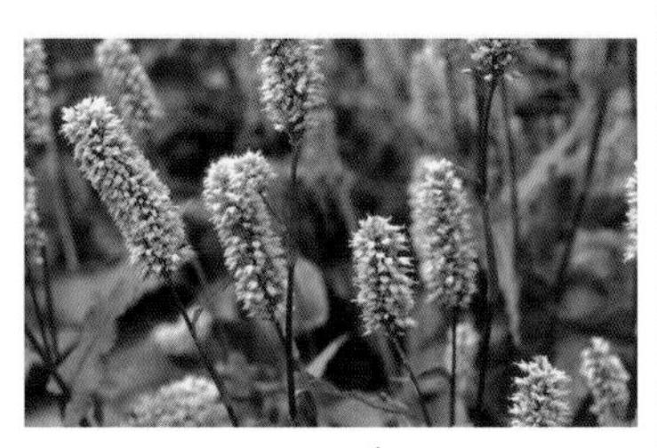

椭圆叶蓼

Q 蛞蝓和蜗牛会对植物造成严重损害吗？

A 多年生地被植物大多没有木质的茎干，所以特别容易受到蛞蝓和蜗牛这类在土壤表面活动的害虫的影响。如果是在春季潮湿的时候，刚长出来的嫩枝在一夜之间就会被这些害虫啃倒。成年植株在生长季有一定的抵御能力，即便叶片被蛀蚀出较大的圆洞，植株生长也不会太受影响。但玉簪等植物在夏季如果缺乏保护措施，植株长势就会受到一定影响（见186页）。

蔓生迅速的地被植物

健康生长的芍药

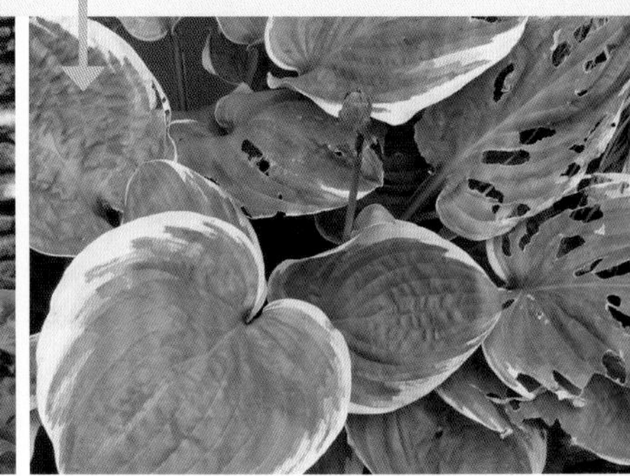

叶片被蜗牛啃食的玉簪

Q 为什么植物茎干从基部开始腐烂？

A 如果植株的茎干从基部与根系相接的地方开始腐烂，可能是感染了冠腐病。这是一种细菌性或真菌性疾病。植株种植得过深，或是潮湿的覆盖物距离茎干太近，植株都容易感染此病。移除表层土壤或是覆盖物，露出植物基部能够预防疾病扩散。

Q 为什么牡丹的花蕾变成褐色？

A 牡丹枯萎病是一种真菌性疾病，受感染的植株出现花蕾萎缩、植株萎蔫的症状。在潮湿的种植环境中，枯萎的部分会覆盖绒毛，有白色的菌丝生长。及时清除受感染的枝条、花蕾、叶片并集中焚毁，能阻止病情扩散（见184页）。

Q 为什么萱草不开花?

A 花蕾停止生长进而变成褐色是萱草属植物受瘿蚊危害的症状。这种害虫的幼虫以花朵为主要食物，造成花瓣卷曲、变形（见183页）。

瘿蚊对花蕾的损害

Q 象甲虫会对植物造成严重损害吗?

A 成年象甲虫虫体呈黑色，长约1厘米，经常在叶片边缘留下凹形的啃食痕迹。许多多年生植物从春季到秋季，都会受到象甲虫的威胁。尽管啃食的缺口看起来非常刺眼，但是对植物构成真正威胁的却是象甲虫产下的幼虫，它们在秋冬季节以肉质根为食，使植株长势变弱、萎蔫最终死亡（见187页）。

诊断表

	症状	诊断
	蒐葵叶片出现许多**灰褐色斑痕**，斑痕可能会连成一片，使叶片组织彻底死亡。茎干也可能出现类似症状，变成褐色并死亡。	**蒐葵叶斑病**是一种真菌性疾病，在潮湿环境中尤其容易发病。必须及时清除感染叶片，防止病情扩散（见183页）。
	叶片表面失去活力，覆盖了一层**类似滑石粉的白色粉状物**。花朵、茎干也会受到感染。	**白粉病**是一种真菌性疾病，一般在秋季发病。紫苑属和老鼠簕属植物容易感染该疾病。如果土壤过于干旱，或是空气过于潮湿会使病情恶化。
	叶片表面**出现明亮的橘色斑点**，同时叶片背面有橘色凸起。这些斑点可能会连接成片，导致叶片死亡。	**蜀葵锈病**是一种常见的真菌性疾病，一般在春季和秋季发病，在潮湿环境中病情会迅速恶化。及时清除所有染病叶片能够防止感染扩散（锈病，见185页）。
	多年生植物的叶片出现**灰褐色斑痕**，斑痕可能会连接成片使叶片枯萎、凋落。通常植株的其他部分不会受到太大影响。	**真菌性叶斑病**是由许多不同的真菌引起的，在潮湿环境中病情容易恶化。真菌会在落叶上残留，除非彻底清除染病落叶并集中焚毁，否则第二年可能会复发。
	植株矮小畸形，同时**叶片出现明亮的黄色条纹和杂色的斑点**。花朵可能脱落，即便正常开放，花瓣上也有白色的条纹。	**病毒**会影响多年生植物的生长。但是一些虫害也可能使植株出现上述症状，例如在土壤中生活的线虫等（见187页）。
	如果植株刚刚遭受了虫害或是外力的物理损伤，**叶片和茎干出现了灰色的菌丝和绒毛**。	**灰霉病**是一种极易扩散的真菌性疾病，能通过空气和水传播。灰霉病通常是通过植株现有的创口感染。将染病枝条彻底清除能够抑制病情扩散（见183页）。

花坛植物

只要养护得当，这些习性强健的植物能够在花园中组合成色彩缤纷、摇曳多姿的景观。在入夏前，保护花坛植物免受晚霜伤害，改良土壤以提高土壤的排水性，并在夏季保证充分的水肥供应，可以使花坛植物生长旺盛，花量繁多，也有利于提高植物抵御病虫害的能力。

柔弱的多年生花坛植物

这些植物容易受霜冻危害，所以入夏之前不要将它们移栽到院子里。虽然许多园丁都把它们当成一年生植物栽培，秋末花谢后就会移除，但是如果在冬季将它们移到室内栽培，或是通过扦插进行繁殖，它们在第二年依旧会开出美丽的花朵。

多年生植物品种丰富

这类植物的叶、花都有很高的观赏价值，尤其适合在自然风格的花园中组合成花境。

天竺葵

凤仙花

木春菊

扦插

夏末截取健康、强壮的嫩枝，剪掉底部的叶片，将枝条插入湿润的种植土中，保持土壤湿润，必要时覆盖透明塑料膜以保持湿度。

一、二年生花坛植物

这类花坛植物播种后生长迅速，色彩缤纷。一些品种习性强健，能够户外越冬；而有些品种则无法耐受严寒，只有在夜间温度也升高后才能移到户外栽培。二年生植物多在初夏播种，入秋时可移植到花坛中，以待来年开花。也可以直接购买幼苗种植。

害虫、真菌性疾病或是寒冷、潮湿的气候都会损害花朵。

剪除残花

定期剪除开败的花朵，使植物能更充分地利用有限的养分开出新的花朵。剪除残花还能预防真菌性疾病。

有规律地浇水、施肥有助于延长植物的观赏期。

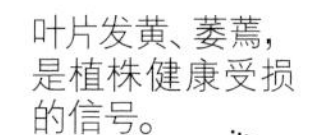

叶片发黄、萎蔫，是植株健康受损的信号。

移栽时应保持原有的种植深度。种得过浅时植株容易枯死。

象甲虫

许多一、二年生花坛植物的肉质根是象甲虫幼虫的主要食物。这些害虫会导致植物根系腐烂。

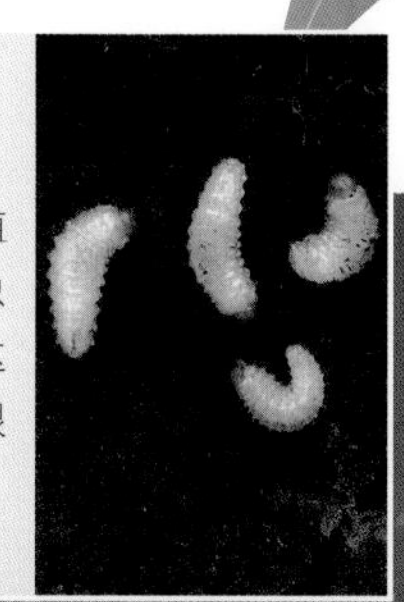

灿烂但短暂的花期

一、二年生植物花朵色彩缤纷，但单朵花的花期不长。

向日葵（一年生）

半边莲（一年生）

桂竹香（二年生）

金盏菊（一年生）

香雪球（一年生）

花坛植物的异常现象

许多花坛植物在幼苗期就被移植到户外，所以容易受到晚春的霜冻损害。这些幼苗如果种植过密或是种在土壤排水能力不佳的地方时易感染真菌性疾病。

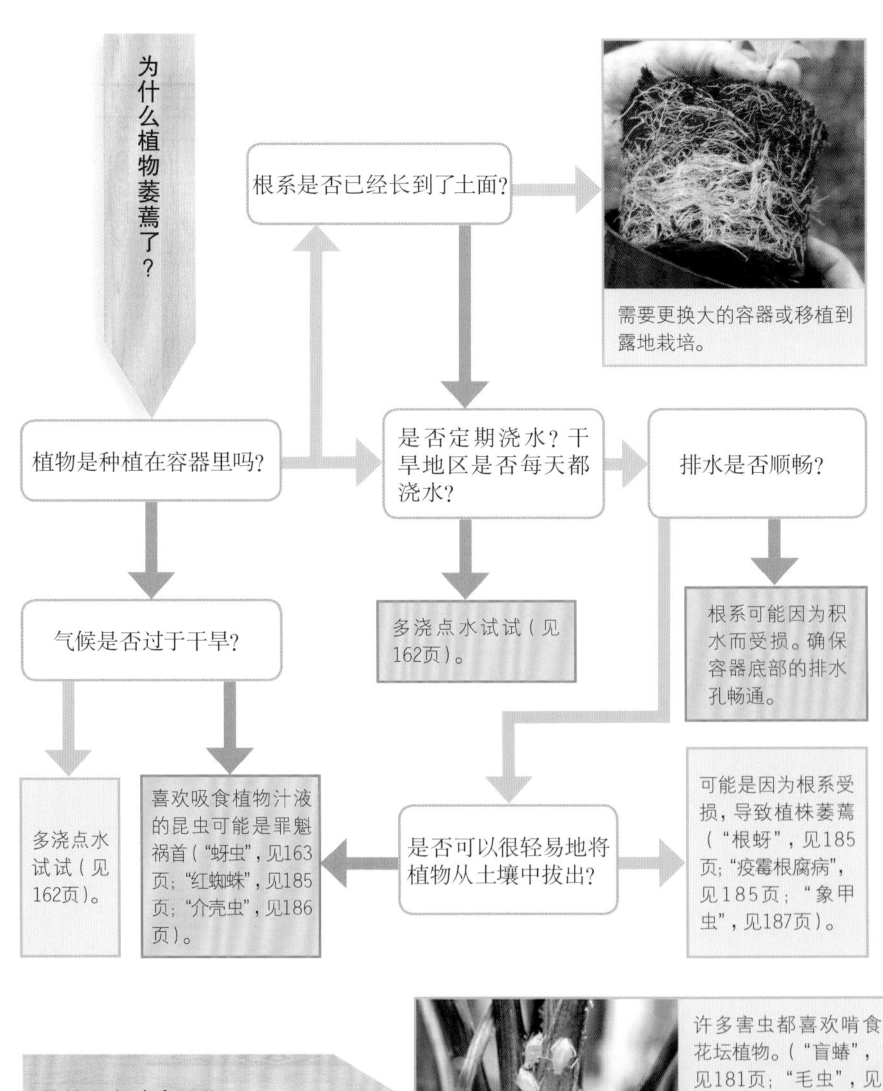

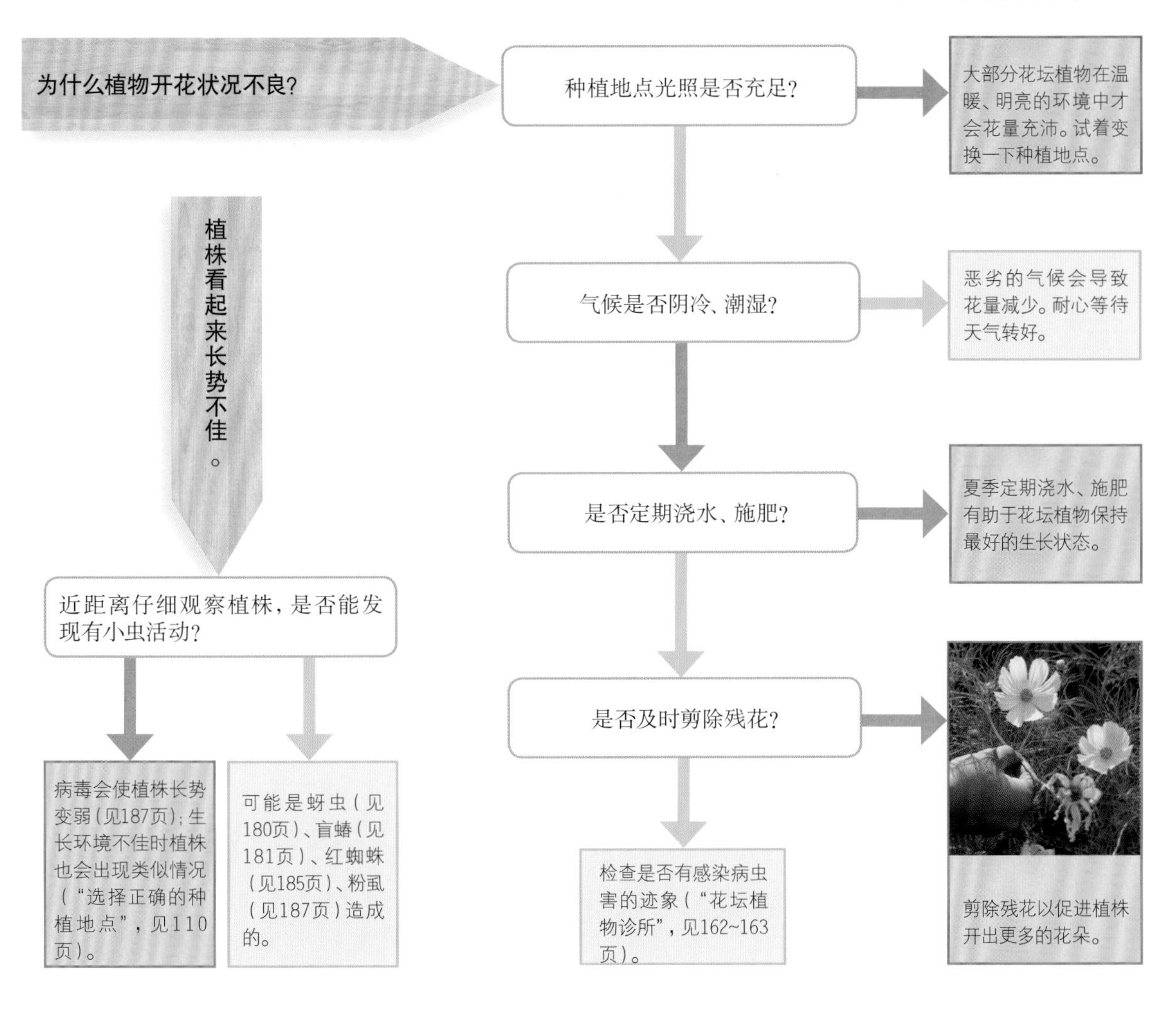

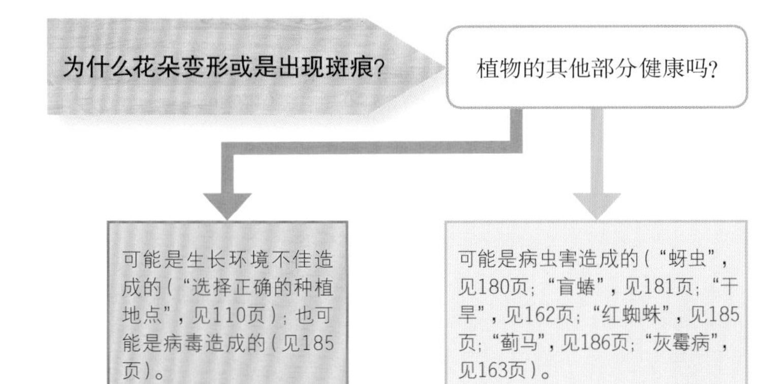

为什么叶片看起来病快快的？

干旱、霜冻等不良天气，真菌性叶斑病、霜霉病、灰霉病、锈病及红蜘蛛等病虫害都会造成这种情况出现。

花坛植物诊所

在适宜的生长环境中，花坛植物一年四季都能够为花园奉献缤纷、绚丽的色彩。但是如果土壤排水性不佳，缺乏定期浇水施肥，花坛植物的生长则会出现许多问题。各类害虫和真菌性疾病也会危害这些柔弱的植物。

如何辨别根腐病？

许多花坛植物的茎干柔软，容易感染真菌性疾病。染病后，植株的茎干，尤其是基部附近的茎干会逐渐变软、呈褐色。植株逐渐枯黄，进而死亡。受感染植株的根系通常会严重腐烂（“疫霉根腐病”，见185页）。

Q 是什么在夜间损害了叶梢和嫩枝？

A 幼嫩的花坛植物无法经受霜冻的侵害，春季晚霜会严重损伤植株。受损伤的枝条会变软，变褐进而死亡。应及时将受影响的枝条截断至健康的芽点处，并为植株采取适当的保温措施。

Q 象甲虫幼虫会造成什么损害？

A 象甲虫的幼虫以花坛植物的根系为食物，仙客来、秋海棠、报春花等最容易受到它们的侵害。从初秋到第二年春季，这些害虫都会在地下蚕食根系，导致植株死亡（见187页）。

萎蔫的矮牵牛

霜冻对植株造成的损伤

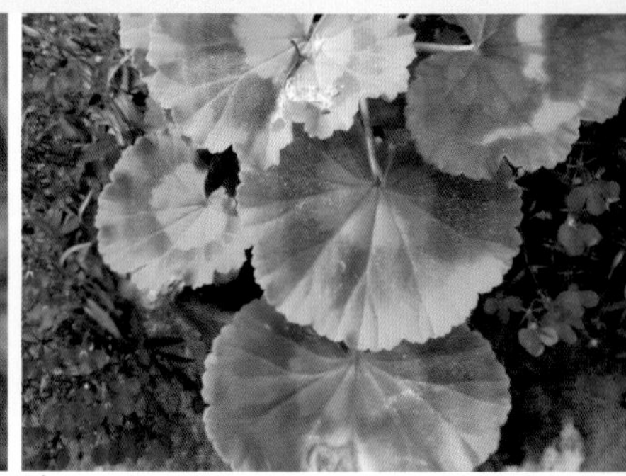

感病的叶片

Q 为什么植物长势孱弱？

A 如果种植密度过大且植株处于全日照环境中，那么植株就容易因缺水而萎蔫。在干燥的环境中，盆栽植物一天可能需要浇水两次。不要指望雨水能够缓解旱情，它们很难彻底润湿土壤。

Q 真菌性叶斑病会造成严重损害吗？

A 真菌性叶斑病的症状是叶片出现灰褐色或灰白色斑痕。这些斑痕可能会扩散，连接成片，甚至导致叶片死亡，但未感病的叶片生长不受影响。虽然这种疾病一般不会导致植株死亡，但表明植物的种植环境出现了问题（见183页）。

Q 为什么花坛植物的花期很短?

A 如果没有园丁的帮助，花坛植物无法长时间保持盛花状态。自然生长状态下，花谢后，植物会将大部分营养提供给种子。因此，及时剪除残花，避免植株将有限的养分用来结籽，能够有效地增加花量，延长花期。定期使用促进开花的肥料亦有助于延长花期，保持花量。

剪除残花

定期施肥

Q 为什么植株上有许多蚂蚁和蚜虫?

A 蚜虫喜欢吸食植物的汁液，蚂蚁则以蚜虫的分泌物为食，还能保护蚜虫免受天敌的捕食。但蚂蚁本身对植物是无害的（见180页）。

结籽

花朵上的蚜虫

为什么植物发霉、倒伏?

这是灰霉病导致的。在潮湿且土壤排水性不佳的环境条件下，病情容易恶化。种植密度过大也容易引发灰霉病（见183页）。

Q 如何识别白粉病?

A 白粉病是一种真菌性疾病，染病植株的叶片表面会覆盖一层粉状的白色物质。植株感病后长势变弱，叶片发黄，脱落。角堇、秋海棠等典型的花坛植物容易感染此病。土壤过于干旱导致根系缺水，或是空气湿度过大都容易引发此病（见185页）。

Q 蓟马会对植物造成什么损害?

A 蓟马是一种以植物花、叶为食的害虫，它们会在叶片上留下银色斑痕，并在花瓣上留下白色的污浊痕迹。如果蓟马数量过多会对植物的花、叶造成毁灭性的危害。蓟马主要在夏季活动，进入冬季之前会在植物上大量繁殖（见186页）。

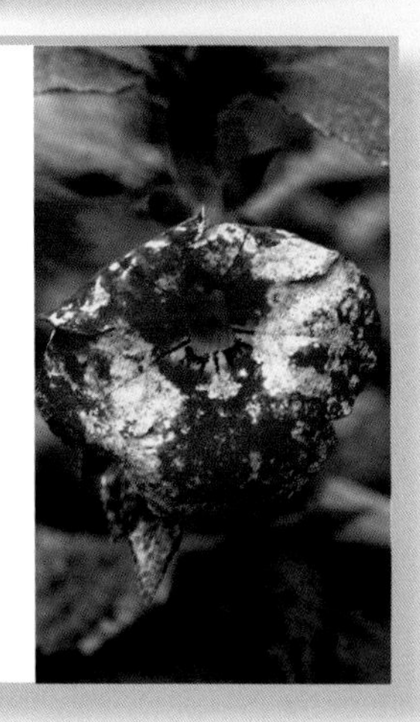

球根植物

球根植物的地下部分变态肥大，其中储存有大量供植物生长所需的营养物质。植物在休眠期时，全靠肥大、变态的地下部分储存的营养物质生存。但球根植物的地下部分在潮湿的环境中容易受虫害和真菌性疾病侵害。

鳞茎和球茎植物

洋葱等典型的鳞茎植物的整个地下茎被鳞片覆盖，不定根从茎的基部产生。球茎植物的球茎为节间缩减膨大的球形或扁球形肉质地下茎，有膜质鳞片覆盖，是植物营养繁殖的器官。种植这两类植物时都要注意分清生长点的位置，不要“种反了”。

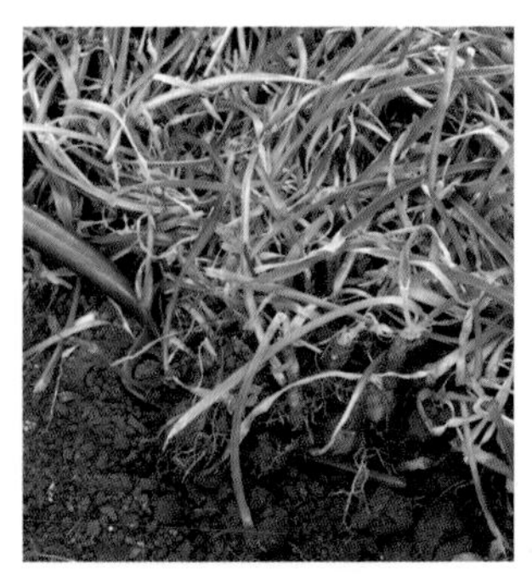

叶片为变态茎制造养分

叶片通过光合作用制造的养分贮存在变态茎中，供植物在下一个生长季使用。除非叶片彻底枯萎、死亡，否则不要去修剪或清除叶片。

如果处于生长期的球根植物的叶片出现发黄、变形等症状，说明植株生长状况出现异常。

嫩叶和花朵处于植株的中心位置，不易受病虫害侵袭。

膜质的鳞片对鳞茎和球茎起到了保湿、保水，避免过快干枯的作用。

须根从变态茎底部发出，若受到损伤，会严重影响植株生长。

变态茎主要用于贮存营养，所以膨胀得越大越好。

小种球

球根植物生长一段时间后，会在基部长出许多细小种球。如果任由这些种球肆意生长，会导致植株过密，花量减少，所以在球根植物休眠期时，挖出植株后要将这些新长出来的小种球去掉。

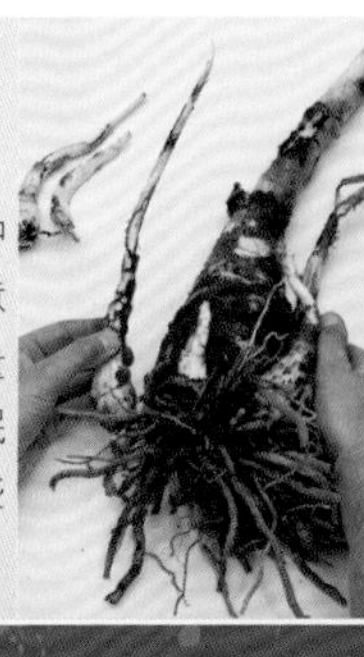

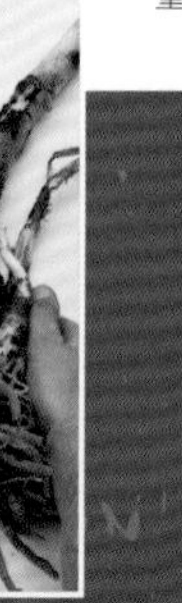

美丽的鳞茎和球茎植物

如果将鳞茎和球茎植物种植在排水良好的花坛或草坪上，它们能开出缤纷夺目的花朵。

郁金香（鳞茎）

水仙（鳞茎）

番红花（球茎）

百合（鳞茎）

块根和块茎植物

块根是指植物地下肥大、成块状的主根，块茎则是指植物地下水平生长的不规则茎。这类植物蔓生速度快，可以迅速生产出许多块根和块茎，便于进行分株繁殖。

干枯

一些块根植物的块根因为没有表皮保护，一旦被挖出后很容易干枯。因此，在种植此类植物时要确保种植介质保持湿润。

大丽花、百合等球根植物的花茎长，花朵大。

与鳞茎植物不同，许多块根和块茎植物都有繁茂的叶片。

块根与块茎植物的的根茎与土豆类似，没有保护层。

枝条从芽点处长出，所以栽种时要把生长点向上。

须根从膨胀的根茎处直接抽生出，使得栽培时确认方向比较困难。

大丽花

大丽花品种繁多，但大多数品种花朵都较大，需要支撑物辅助植株，以防倒伏。

球根植物

一些强健的球根植物如仙客来，不易受霜冻损伤。但大丽花这类较为纤弱的植物，冬季要贮存在冷凉且无霜冻的环境，以保护肉质根。

大丽花（块根）

鸢尾（根茎）

仙客来（块茎）

球根植物的异常现象

通过观察球根植物的花、叶等地上部分的生长情况，就可以了解地下的球根是否健康。植株生长状况不佳，叶片出现斑痕或是花朵畸形就意味着植株受到了病虫害的侵害。在种植之前，一定要确保种球的健康，不能有霉点或是腐烂。

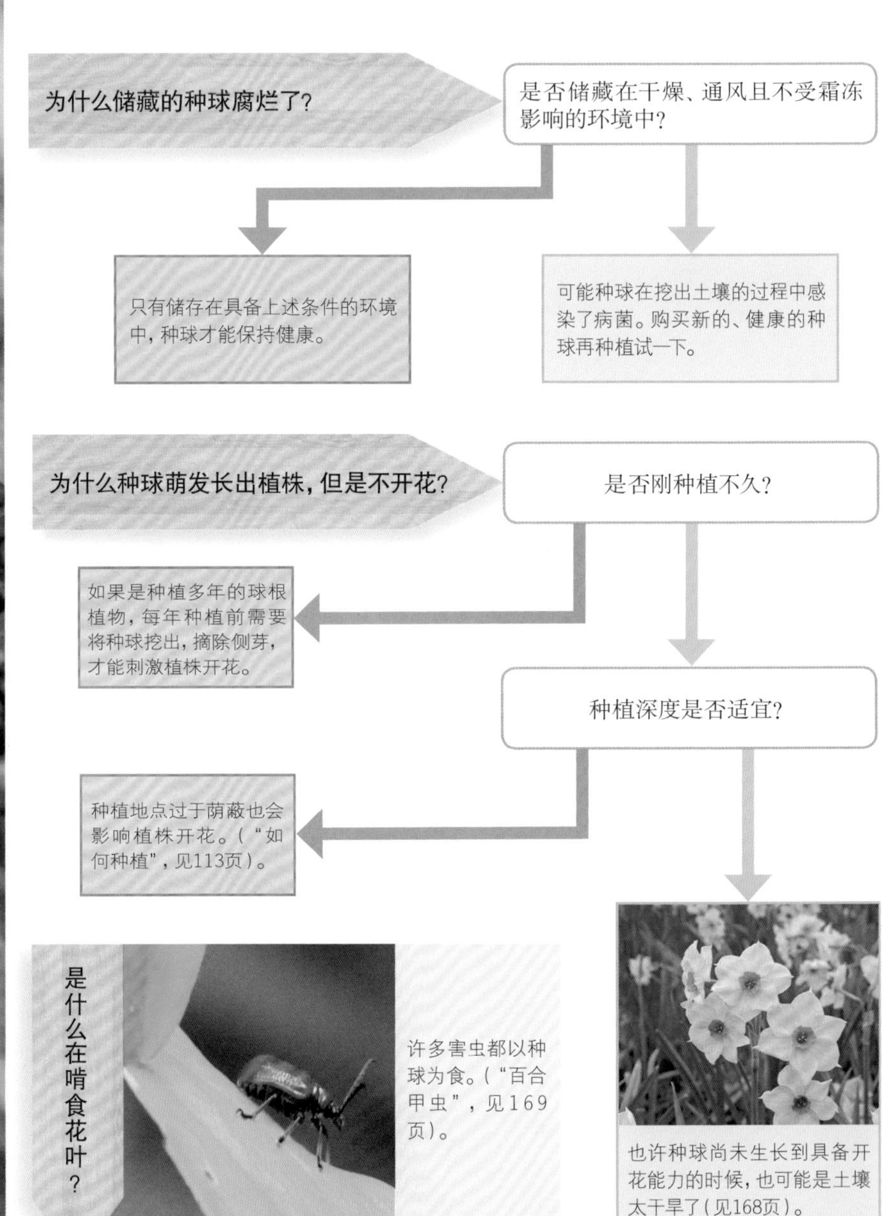

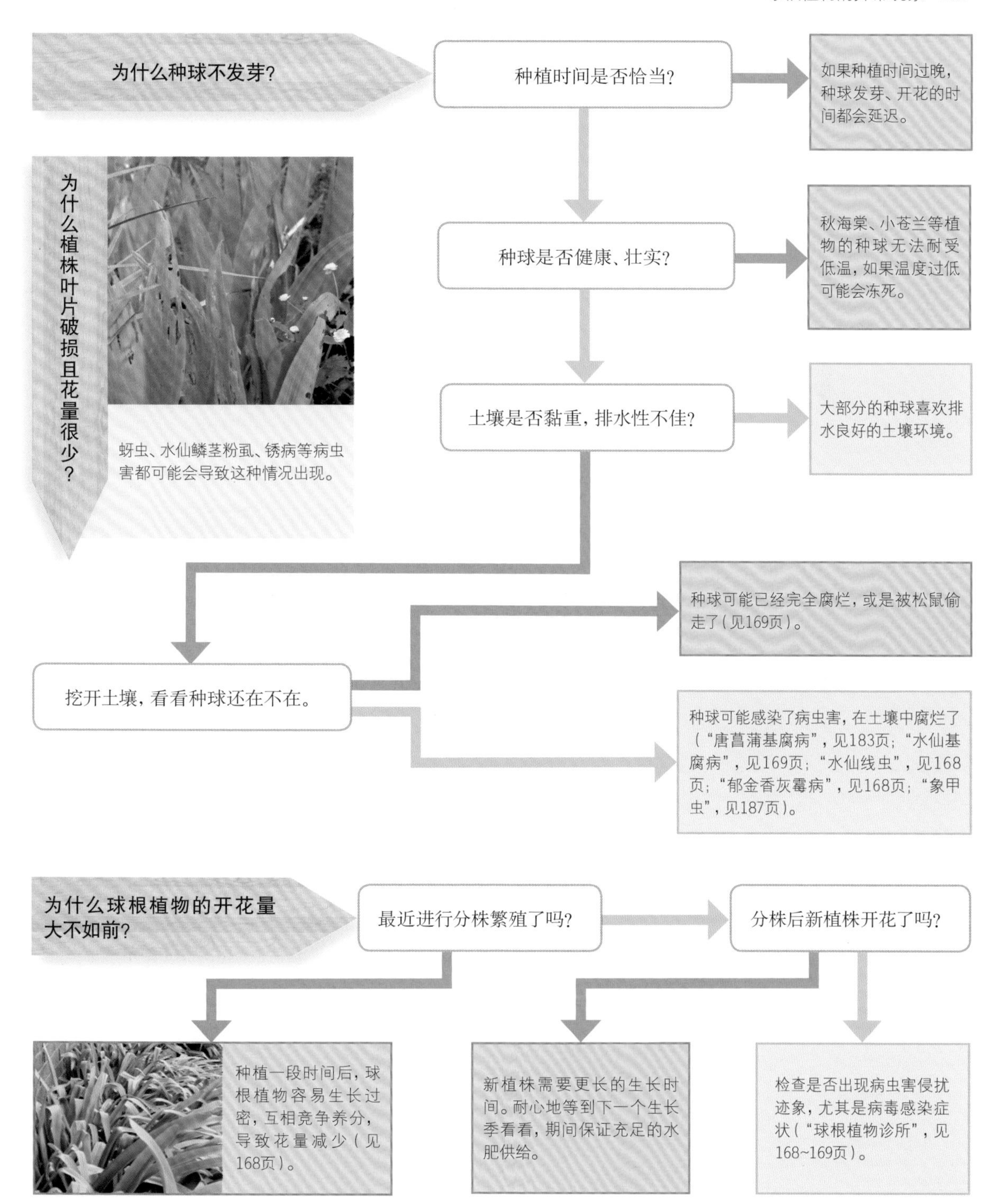
为什么种球不发芽?
种植时间是否恰当?
如果种植时间过晚，种球发芽、开花的时间都会延迟。
种球是否健康、壮实?
秋海棠、小苍兰等植物的种球无法耐受低温，如果温度过低可能会冻死。
土壤是否黏重，排水性不佳?
大部分的种球喜欢排水良好的土壤环境。
挖开土壤，看看种球还在不在。
种球可能已经完全腐烂，或是被松鼠偷走了(见169页)。
种球可能感染了病虫害，在土壤中腐烂了(“唐菖蒲基腐病”，见183页;“水仙基腐病”，见169页;“水仙线虫”，见168页;“郁金香灰霉病”，见168页;“象甲虫”，见187页)。
为什么植株叶片破损且花量很少?
蚜虫、水仙鳞茎粉虱、锈病等病虫害都可能会导致这种情况出现。
为什么球根植物的开花量大不如前?
最近进行分株繁殖了吗?
分株后新植株开花了吗?
种植一段时间后，球根植物容易生长过密，互相竞争养分，导致花量减少(见168页)。
新植株需要更长的生长时间。耐心地等到下一个生长季看看，期间保证充足的水肥供给。
检查是否出现病虫害侵扰迹象，尤其是病毒感染症状(“球根植物诊所”，见168~169页)。

球根植物诊所

如果种植得当，球根植物无需特殊照料也可连续多年绽放绚丽的花朵。但是，许多球根植物容易受病毒、一些真菌性疾病和害虫危害，了解一些球根植物常见病虫害的症状，有助于及时发现并对症施治，将危害控制在最小范围。

洋水仙是感染了病毒还是被线虫蚕食？

导致水仙花、叶变形或植株过度矮小的原因很多。挖出一个种球进行切片观察，如果切片处有褐色的圆环状斑痕，那就表示植株受线虫侵害了。

Q 如何辨别郁金香鳞茎腐烂病？

A 这种真菌性疾病会侵害许多球根植物，如花葱、番红花、水仙、雪花莲和郁金香。受感染的种球会腐烂并出现灰白色的硬斑，叶片变脆，植株很快死亡（见186页）。

Q 美人蕉长势不佳是否因为受病毒感染？

A 美人蕉容易受病毒感染，受感染的植株叶片会出现白色或浅黄色条纹，植株长势变弱，花朵变形、褪色。这种病毒感染没有解决方法，只能将植株连同四周土壤彻底铲除。

健康的水仙花

种植密度适宜的球根植物

染病的美人蕉叶片

Q 为什么球根植物不开花？

A 新种植的种球需要一定的时间生长才具备开花能力。如果植物在生长期没有得到足够的水分、养料供给，的开花能力也会受到影响。定期浇水，施用含钾的肥料，有助于促进植物开花。此外，应注意不要轻易剪掉叶片，待花朵凋谢后，再剪除。

Q 种植过密是否会影响球根植物的生长？

A 种植过密不仅会降低球根植物的开花能力，还会导致植物因互相争夺水分和养料，而整体长势变弱。植株过度密集也为病虫害的蔓延提供了条件。为了避免植株过密秋季将种球挖出，疏除所有弱小的小种球，只保留健康、壮实的供来年种植。

诊断表

症状		诊断
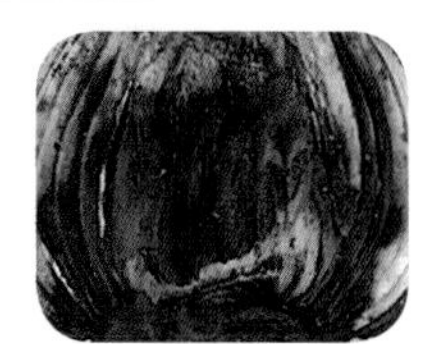	种球表面看起来虽然完好，但是**基部腐烂或裂开**，并慢慢向内部发展。鳞片之间有时有白色或红色霉层。贮藏时一定要等种球表面干透。	**水仙基腐病**是一种真菌性疾病，在夏季炎热、潮湿环境中发病率很高。水仙基腐病的病原菌以菌丝体在感病的种球及根系以及土壤中过冬。种球贮藏场所通风不好容易发病，多雨潮湿，氮肥过多都容易导致病害发生（见183页）。
	**为了过冬将种球挖出贮存或将种球种植在容器中时**，种球经常出现腐烂、发霉现象。虽然腐烂和发霉的现象一开始只出现在表皮，但是会迅速向鳞茎内部蔓延。	种球贮藏环境过于潮湿，或是种植的容器中水分过大都容易引发**真菌性疾病**。挑选越冬种球时，只储藏那些健壮且表皮无损伤的，使用纸袋包装种球。

Q 松鼠会挖出种球吗？

A 灰松鼠十分喜欢啃食番红花和郁金香的种球。它们可以迅速地将种球挖出食用。利用设置铁丝网等方式尽量不让它们靠近种球种植场所是最佳的防治方法。

蜗牛造成的损害

健康的百合

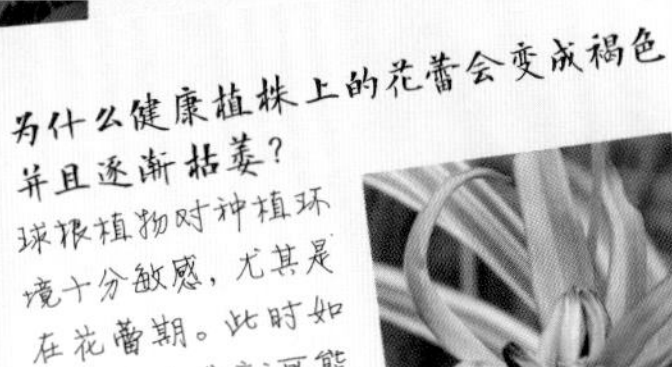

为什么健康植株上的花蕾会变成褐色并且逐渐枯萎？

球根植物对种植环境十分敏感，尤其是在花蕾期。此时如果缺乏水分就可能会导致花蕾枯死或无法绽放。

Q 是蛞蝓和蜗牛在危害种球吗？

A 许多球根植物肥厚的叶片和纤弱的花朵都是蛞蝓和蜗牛的食用对象。早春开花的球根植物遭受虫害威胁不严重，因为此时蛞蝓和蜗牛的活动还不活跃。但是夏季和秋季开花的球根植物则面临虫害的较大威胁，尤其是在潮湿的环境中（见186页）。

Q 如何识别百合甲虫？

A 百合及贝母属植物的叶片、花朵被百合甲虫及其幼虫危害时，植株生长会受到严重影响。在夏季，经常能在这些植物上发现粗短、橘红色的幼虫。成虫则更明显，它们有猩红色的外壳，头部是黑色的，从春季到秋季都会危害植株（见183页）。

百合甲虫幼虫

百合甲虫成虫

受侵害的植株叶片

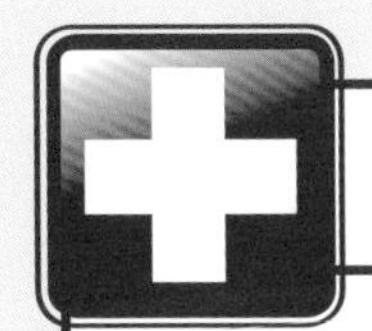

急救

草坪

健康、养护得当的草坪能够提升花园的观赏价值，而斑秃、杂草丛生的草坪则会使一个漂亮整洁的花园的观赏效果大打折扣。要想让草坪青葱繁密，首先要了解草坪植物的生长，其次还要掌握施肥、除草与修剪等基本的草坪养护知识。此外，学会快速辨别病虫害类型并对症施治，能够将病虫害的危害降到最低，还有助于提高草坪的耐踩踏能力。

花园草坪

草坪是由大量禾本科的草组成的，草坪草的品种十分丰富。选择适宜的草坪草混种，并定期修剪、拔除杂草、耙除枯草层，不仅有利于草坪的通风透气，维持草坪的健康，还能有效增强草坪的耐践踏能力。

草坪的构成

绵密、绿色的草坪是由大量禾木科的草生长蔓延后共同组成的覆盖地面的植物层。草坪草的叶子细长，生长点土壤表层。修剪后，生长点会萌发出新的叶片，使草坪始终保持绵密、紧实的形态。草坪草具有很好的蔓生性，能够迅速覆盖一大片区域。品种优良的草坪草分蘖性强，通常呈丛状密集生长。有些草坪草品种习性强健，耐践踏，它们的蔓生性强，而且能够迅速生发出新的植株，草坪整体复原能力强，因此通常用作“游嬉草坪”。

耙除枯草

当草坪草长出新叶时，老叶将自然枯萎、死亡，使草坪表面看起来较为杂乱。每年在新叶生长的季节，都需要及时耙除枯草层，不仅有助于保持草坪表面的清洁，避免滋生苔藓，还可以避免一些真菌性疾病的发生。

草皮的等级

品种优良的草坪草混种组成的草坪具有较强的耐践踏能力，不仅能提高花园的观赏性，其修剪也相对简单。黑麦草是一种优秀的草坪草，十分耐践踏，可以与其他草种混合使用。

除草剂

除草剂可以迅速杀死大叶的杂草，而不伤害细叶的草坪草。在清除大面积杂草时，除草剂可能是唯一选择，因为一棵棵地拔掉杂草恐怕不太现实。但是，刚种植不超过6个月的草坪不适宜使用除草剂。使用液体除草剂时，注意不要将药液溅到其他花园植物上，尤其是紧靠草坪边缘种植的植物。

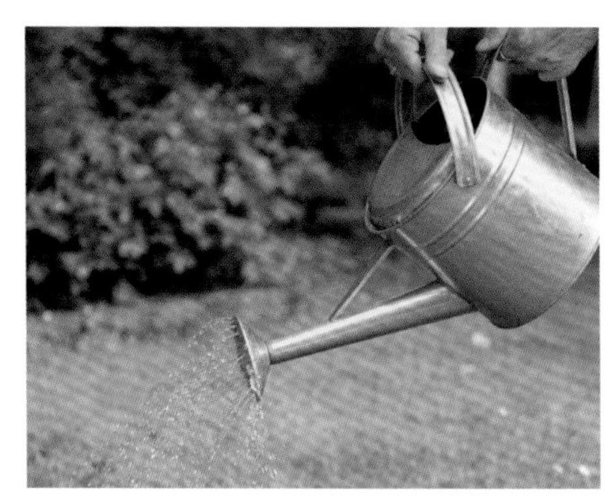

除草剂的使用

使用浓缩药剂时，需要提前稀释，然后用花洒或专业工具喷洒。颗粒状除草剂可以直接施用。无论使用哪种除草剂，都必需严格遵循说明上的用量。如果超量使用，会导致草坪死亡。

如果草坪表面某处出现了枯黄现象，就意味着该处出现了病虫害。

常见的草坪杂草

草坪上的多年生杂草品种繁多，即便定期维护也很难彻底杜绝。如果草坪养护得当，草坪草生长旺盛，就自然会抑制杂草的生长。一旦发现杂草，就要及时连根拔除，以防它们蔓延。

车前草 毛 茛

蒲公英 白三叶草

婆婆纳 小酸模

西洋蓍草 酢浆草

钝叶酸模 过路黄

草坪的异常现象

草坪的养护是贯穿全年的工作，不仅要时刻注意是否有病虫害迹象，还要提高土壤的排水能力、及时浇水以及定期修剪，创造适宜草坪生长的环境条件，确保草坪能够健康生长。

为什么草坪看起来枯黄且有斑秃的情况？

是什么导致草坪出现枯黄的斑块？

如果斑秃是无规律、随机出现，很可能是宠物撒尿造成的（见179页）。如果斑秃总是出现在同一处，可能该处土壤下有不适宜植物生长的建筑垃圾。

草坪是不是在荫蔽处，过于潮湿或过于干燥？

在这些环境中，草坪无法健康生长。改良土壤或移除导致阴蔽的灌木，为草坪生长创造一个好的环境。

是否定期修剪草坪？

任由草坪自由生长而不定期修剪会导致斑秃。过度修剪，也会使草坪出现斑秃（"草坪的养护"，见177页）。

草坪是否经常被踩踏？

过度踩踏也会导致草坪斑秃。避免反复踩踏同一片区域，让草坪有充足的复原时间。

是否定期施肥？

定期施肥及定期修剪，是维护草坪健康的两个必要条件。施肥时不要擅自加大用量，避免灼伤草坪，导致斑秃（见177页）。

可能是长脚蝇的幼虫造成的。它们在夏季靠啃食草坪草的根系为生（见177页）。

为什么草坪上长满了苔藓?

草坪是否铺设在阳光难以照到的荫蔽处?

荫蔽的环境不利于草坪的生长，却适宜苔藓的生长（见176页）。

草坪是否在干旱的夏季也总是湿漉漉的?

草坪排水性不佳也是出现苔藓的重要原因（见176页）。

是否定期耙除枯草?

如果草坪上的枯草、杂物过多，会阻碍空气流通，使草坪表面过于潮湿。夏季要彻底地清理草坪2~3次。

彻底清除杂草以促进草坪的空气流通。然后，在斑秃处重新撒上草种（见177页）。

为什么草坪上会有许多小土堆?

小土堆是否都是一个硬币大小?

可能是蚯蚓的粪便，这说明草坪生长状况良好。等它们干燥时，铲走就可以了（见177页）。

这些小土堆是否都是新鲜湿润的土壤?

可能是蚂蚁构筑地下巢穴时挖出的土壤（见178页）。

土堆是否都是30厘米宽，且一般在夜间形成。

可能是鼹鼠洞穴（见177页）。

为什么草坪上会出现黏乎乎的东西?

很多原因都会导致这种情况的产生，但一般来说，它们对草坪无害（“藻类”，见76页；“黏菌”，见176页）。

草坪诊所

健康的草坪是园丁引以为傲的成就。但是，草坪需要定期养护，保证充足的营养供给和及时抵御病虫害，是草坪的养护工作中需要注意的关键问题。

草坪斑秃处黏乎乎的东西是藻类吗？

在斑秃处，草坪草生长状况很不好，藻类却长势强健。与草坪草不同，藻类喜欢潮湿、阴蔽的生长环境。在土壤黏度较大，湿度过高的区域容易诱发藻类生长（“草坪的养护”，见117页）。

Q 草坪上浅红色的斑块是什么？

A 红线病是草坪比较容易发生的病害，会导致草坪带浅红色病斑，进而转为褐色，最后枯死。该病害发生与土壤缺氮有关，因此一旦发现要立即施用硫酸铵肥。红线病在湿润的夏季和秋季发病比较严重（见185页）。

Q 黏菌会对草坪造成严重危害吗？

A 草坪黏菌常见于夏末和秋季，它们附着在草坪上看起来不美观，但实际上并不会对草坪造成损害。定期松土促进草坪通风透气可降低感染大部分真菌发生的风险，如果发现黏菌，立即用水冲洗清除。

苔　藓

排水性差的草坪

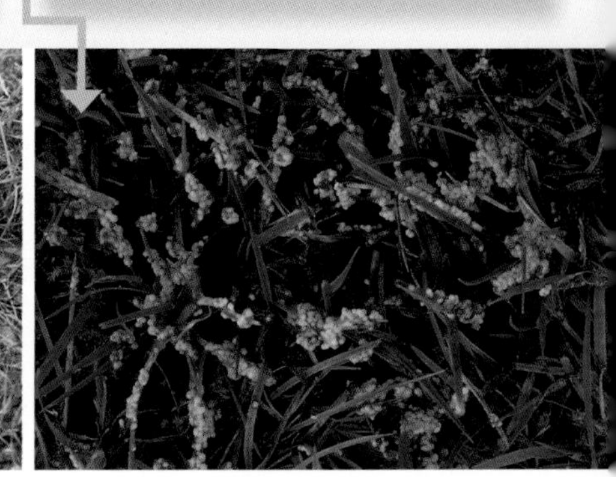

草坪上的黏菌

Q 如何控制草坪上苔藓的生长？

A 在荫蔽且排水不良的草坪上，苔藓生长迅速。所以用耙子定期刺洞，以促进草坪的空气流通，或者剪除遮阳的树枝，也有助于抑制苔藓生长。当草坪上的苔藓生长过于旺盛时，可以先在草坪上铺一层沙子以隔绝空气，彻底抑制苔藓生长，再用耙子将枯死的苔藓清除掉即可。

Q 为什么草坪总是湿漉漉的？

A 土壤排水性差导致表层积水无法排出。积水处的草坪草会死亡，苔藓和藻类则生长旺盛。在初秋，用草耙在草坪表层刺洞，不仅能促进草坪通风透气，还能提高草坪的排水性能。如果积水仍旧非常严重，可能需要建造专门的排水系统。

Q 如何处理蚯蚓粪便？

A 春秋季，蚯蚓在草坪下频繁活动，促进土壤空气流通的同时也会产生许多粪便。如果蚯蚓粪便影响了草坪的美观，应当在粪便干燥后及时清除。蚯蚓喜欢湿润的环境，因此草坪不要过度浇水。

Q 如何修补草坪草坪上的斑秃？

A 大部分经常被踩踏的草坪总有几块斑秃明显的区域。如果能够在短期内避免踩踏这些地方，可以通过播撒草种的方式弥补。如果某些区域无法避免不被踩踏，干脆就铺上踏步石。铺设时注意石面要略低于草面，这样使用剪草机修剪草坪时不会打伤刀片。

在斑秃处播撒草籽

铺设踏步石

菌　群

反复踩踏导致的斑秃

Q 为什么草坪上会有菌群出现？

A 草坪上出现死草或毒菌围成的同心圆圈，就是草坪仙环病。科学的化学防治是唯一的有效途径。但是在孢子扩散之前移除受影响区域30厘米的土壤，并回填新鲜健康土壤，再进行播种或重新铺设草皮，有时也会奏效。

Q 如何处理鼹鼠洞？

A 鼹鼠挖隧道时造成的土丘，可以通过重新铺设草皮来修补。设置陷阱捕捉鼹鼠是唯一有效的防治途径。

Q 草坪是被大蚊幼虫侵食了吗？

A 大蚊幼虫也称长脚蚊幼虫，喜吃草根，导致草坪表面出现黄色或褐色叶斑。更糟糕的是，鸟类会拔开草皮寻找、啄食大蚊幼虫，再度破坏草坪。可先用塑料膜罩在草坪上吸引幼虫出来，再将膜揭开，让鸟类在草坪表面将它们啄食干净。

Q 为什么冬季草坪会斑秃、死亡？

A 镰刀枯萎病是常见的草坪疾病，染病的草坪会枯黄进而死亡。该病一般在秋末和冬季发病，尤其在冬季第一场雪后发病的情况较多。在潮湿的情况下，斑秃区域可能会连接成片，引起更大面积的草坪死亡。镰刀枯萎病的爆发与在秋季过量使用高氮化肥有关。

Q 蚁丘会影响草坪生长吗？

A 夏季，蚂蚁经常在草皮下挖隧道筑巢，并在草坪上形成小蚁丘，蚁丘会影响草坪的整体观赏性，但不会对草坪的生长造成影响。

Q 干旱季节如何帮助草坪复原？

A 干旱会导致草坪斑秃、死亡，甚至会导致草坪大面积枯死。虽然看起来情况似乎很严重，但只要及时浇水或是下雨，草坪会迅速复原。此时，浇水时间应该选择在傍晚。

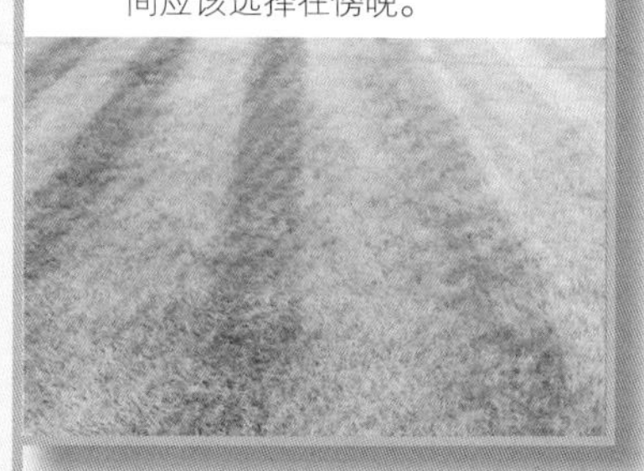

“烧死”的草坪

清除秋季落叶

干旱的迹象

Q 使用草坪专用化肥是否会损害草坪？

A 过量使用化肥会灼伤草坪草根系，进而导致草坪斑秃、死亡。施肥时要注意平均播撒，不能厚此薄彼，否则会使草坪各个区域的生长速度不一，既影响观感，又会造成草坪表面凹凸不平。

Q 要及时扫除落叶吗？

A 草坪养护的一项重要任务就是在秋季及时清除落叶。落叶层会阻碍草坪的空气和光线流通，导致草坪长势变弱，枯萎发黄。在潮湿环境中还容易诱发真菌性疾病。

Q 狗尿会损伤草坪吗？

A 狗尿（尤其是母狗的尿液）含氮量非常高，会使草坪快速死亡，留下难看的斑秃。及时冲洗可以缓解狗尿产生的伤害。

Q 如何处理草坪间的缝隙？

A 新铺设的草坪接缝处经常无法严丝合缝地生长在一起，留下难看的缝隙。可以在接缝处填入种植土，再手工播撒草籽，浇透水即可。

Q 可以用地被型香草代替草坪吗？

A 地被型香草具有迷人的外形和独具特色的气味，可以作为草坪的替代品。但是，香草一般较为柔弱，不耐践踏。而且香草寿命较短，每隔几年就需要重新种植，维护的工作量也较大。

阴蔽使草坪枯萎

长期疏于管理的草坪

迷人的香草地被

Q 为什么靠近建筑物及高大乔木的草坪生长欠佳？

A 高大的建筑物、乔木和灌木丛使草坪无法获得足够的光照时间。而且紧邻建筑物、高大乔木的区域很难被雨水浇灌，容易干旱。自然生长环境不佳，使草坪无法繁茂生长，容易出现长势变弱、枯萎的情况。

Q 如何恢复疏于管理的草地？

A 如果草坪长时间疏于养护，很可能出现杂草密布、荆棘丛生的情况。此时，应使用专业的自动化工具，彻底清除区域内所有的杂草和荆棘丛。

使用专业工具修剪

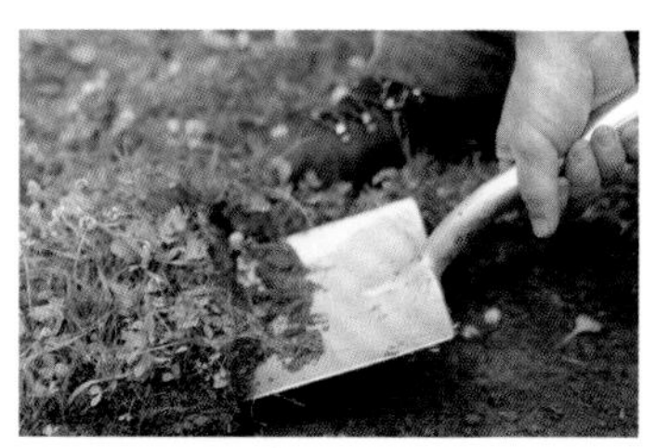

彻底清除杂草根系

常见病虫害

一旦发现植物出现了病虫害迹象，快速对症施治是阻止病虫害蔓延的最有效方法。以下列出了对付常见病虫害的针对性措施，既包括化学方法，也包括有机防治技术。园丁可以根据实际情况，查找最佳的解决方案。

球蚜

症状：球蚜是蚜虫类中最原始的类群，在春季和夏季，它们吸食植物汁液为生，分泌出蜡白色分泌物。受感染植株叶片发黄，茎干出现肿块，但植株整体生长通常不受影响。
易受影响的植物：针叶树，尤其是松树和银杉。
预防措施：无。
治疗措施：通常不需要专门的处理。在冬末，可以使用特制的药剂阻止成虫产卵。

美洲醋栗白粉病

症状：白粉病的一种。受感染的叶片、茎或果实表面覆有一层白色粉状物质。染病果实的表皮出现褐色病斑，枝叶枯萎死亡。
易受影响的植物：醋栗、黑莓。
预防措施：种植抗病性强的品种；不施用高氮化肥。
治疗措施：剪除植物的染病部位；修剪植株以保持株形通透，促进空气和光线流通；使用合适的杀菌剂。

蚜虫

症状：蚜虫又称蜜虫、腻虫等，为刺吸式口器害虫，常群集于植株的叶片、嫩茎、花蕾、顶芽等部位刺吸汁液，使叶片皱缩、卷曲、畸形，严重时导致枝叶枯萎甚至整株植株死亡。蚜虫分泌的蜜露还会诱发煤污病。
易受影响的植物：几乎花园里的所有植物。
预防措施：截断或彻底剪除所有出现虫害迹象的嫩叶、嫩枝。
治疗措施：引入瓢虫等蚜虫的天敌进行生物防治，也可以使用杀虫剂。

苹果苦痘病

症状：苹果表皮出现褐色、凹陷的小斑点，果肉褐变坏死，味苦。苦痘病是苹果成熟期和贮藏期的重要病害。
易受影响的植物：苹果树。
预防措施：栽种抗病品种和砧木；改善栽培管理条件，合理修剪，适时采收，增施有机肥；加强贮藏期管理，入库前用钙盐溶液浸泡果实，保持贮藏室内通透性，温度不高于0~2℃。
治疗措施：染病果实会腐烂，应及时摘除。第二年加强种植和贮藏管理。在春季，覆盖地面以保持土壤湿度。

苹果、梨茎腐病

症状：主要危害主枝和侧枝，也可危害主干。病斑初期为椭圆形或不规则形状，紫红色，表面湿润，常溢出褐色汁液。随着病斑扩展，干缩凹陷成黑褐色病斑。病斑表面有纵横裂纹，是该症状主要特点。
易受影响的植物：苹果、梨、山楂、白杨、柳树。
预防措施：栽种无病苗木，及时控制肥水，增强苗木长势；提高土壤的排水能力。
治疗措施：剪除染病枝条，烧毁或运离果园。大树可结合其他病虫害防治，在生长旺季进行重刮皮；喷洒波尔多液、多菌灵等药剂。

苹果、梨黑星病

症状：黑星病是真菌性疾病，能危害叶片、果实花序和新梢。受害部位经常凹陷，长出黑色霉斑。果实成长期受害，常在表面长出大小不等的圆形黑色病斑，随后果实裂开或腐烂；叶片受害后，出现黑色霉层，提早落叶。
易受影响的植物：苹果、梨、海棠、岑树、枸子属植物、火棘。
预防措施：烧毁所有落叶以避免病害扩散。
治疗措施：种植抗病性强的品种；幼苗染病可以喷洒百菌清溶液等药剂。

芦笋甲虫

症状：春季，甲虫主要危害幼茎；夏季以后，危害茎叶。受危害的茎干枯死。
易受影响的植物：芦笋
预防措施：秋季将所有。的茎叶烧毁以清除甲虫。
治疗措施：人工清除甲虫或者喷洒杀虫药剂。

细菌性溃疡病

症状：染病部位出现凹陷，死亡，有时还有黏液残留。
易受影响的植物：李子、樱桃、桃树、杏树和观赏型樱桃
预防措施：在盛夏或夏末进行彻底修剪。
治疗措施：将染病树枝截短至健康处，在切口处涂抹药剂；在夏末或秋季使用杀菌剂。

细菌性叶斑病

症状：染病部位出现褐色斑点，如果叶片染病，斑点边缘往往伴有黄色的晕轮。
易受影响的植物：所有植物
预防措施：避免过量浇水。
治疗措施：及时去除染病叶片，集中烧毁。

豆籽蝇

症状：染病的嫩枝生长缓慢，茎叶破损，无法萌发新枝叶。
易受影响的植物：四季豆、红花菜豆。
预防措施：户外种植的植物可以使用防虫网。
治疗措施：在虫害造成损害前，没有有效的治疗措施。

鸟

症状：苹果、李子树等果树的果实上出现明显的啄食痕迹；葡萄、醋栗等小浆果的果实突然不见了。果树或是苗圃中的观赏花卉的花朵受到损伤。
易受影响的植物：果树、浆果、绿叶植物等。
预防措施：在结出果实前就使用防鸟网保护。
治疗措施：在损害出现后，迅速铺设防鸟网能够将损失降到最低。

花朵枯萎病

症状：初夏，春季刚开出的花朵变成褐色，临近的枝梢枯萎死亡。死亡的花朵和枝梢依旧在植株上，当气候潮湿时会形成奶油色斑点。
易受影响的植物：果树、观赏樱桃和海棠。
预防措施：剪除腐烂的果实，选种抗病性强的植株。
治疗措施：清除、烧毁染病部位。使用杀菌药剂。

褐腐病

症状：真菌性疾病。叶片感染初期，呈黄色或黄褐色小点，随后逐渐扩大为圆形或椭圆形病斑；花瓣受害初期呈现水渍状褐色斑点，逐渐扩展，整个花瓣变枯；球茎受害，外表产生不规则黑斑。潮湿条件下，染病茎叶上产生一层灰色霉层。
易受影响的植物：果树、观赏型樱桃和海棠
预防措施：发现病株时，及时拔除烧毁。必要时使用防鸟网保护树木，因为鸟类啄伤容易诱发腐烂。
治疗措施：在开花时喷洒杀菌剂。

甘蓝根花蝇

症状：新移植的幼苗生长缓慢，甚至萎蔫、死亡。在植株根部，可以发现啃食根系的白色蛆虫。
易受影响的植物：十字花科植物
预防措施：坚持轮作，铺设防虫网阻止成虫在植株附近产卵。
治疗措施：只能通过生物防控的方式。任何化学药剂都无法取得良好效果。

山茶虫瘿

症状：虫产卵所造成的机械性刺激，使植物细胞加速分裂而长成的一种畸形构造，呈囊状、球状或圆筒状。虫瘿可以在植物上很多部位发现。
易受影响的植物：山茶。
预防措施：及时切除虫瘿，并及时烧毁。
治疗措施：无。

山茶叶枯病

症状：叶片出现褐色斑点，进而发展成黑色的斑点。染病叶片会提前脱落，枝干会枯萎死亡。
易受影响的植物：山茶。
预防措施：清除所有染病叶片。
治疗措施：无。

茎腐病

症状：一般发生在新梢上和叶片上。染病的新梢距离地面较近处出现一条暗灰色似烫伤状病斑。如果病斑扩散，染病茎干可能死亡。
易受影响的植物：黑莓、覆盆子等
预防措施：避免种植来历不明的植株。
治疗措施：剪除染病枝条。使用杀菌药剂。

盲蝽

症状：受感染植株的顶芽布满虫洞，花蕾畸形，无法开花。
易受影响的植物：许多蔬菜、草本植物、灌木和苹果树。
预防措施：无。
治疗措施：植株通常能够抵御盲蝽的伤害，但也可以适量使用杀虫剂。

康乃馨卷叶蛾

症状：卷叶蛾的幼虫咬食新芽、嫩叶和花蕾，使表皮呈网孔状，并使叶片纵卷，卷叶蛾还会潜藏叶内连续危害植株，严重影响植株生长和开花。
易受影响的植物：许多草本植物和灌木都是易感染对象。
预防措施：无。
治疗措施：随时清除叶片上的幼虫，或者适量使用杀虫剂。

胡萝卜茎蝇

症状：根部被白色幼虫啃食，留下褐色的虫道。幼苗的生长尤其容易受到茎蝇的影响。
易受影响的植物：胡萝卜、欧洲防风草、欧芹、旱芹、块根芹、茴香。
预防措施：坚持轮作。在植物周围铺设约60厘米高的防风网。选择抗虫害品种。
治疗措施：使用针对线虫的生物防治措施，以控制幼虫数量。也可以适量使用针对成虫的杀虫药剂。

毛虫

症状：叶片上出现带状的啃食痕迹。虫害蔓延迅速。
同类害虫：菜粉蝶，松白条尺蠖蛾。
易受影响的植物：大部分植物。
预防措施：使用防虫网，阻止蝴蝶在叶片上产卵。
治疗措施：人工清除虫卵和毛毛虫，适量使用杀虫剂。

褐斑病

症状：叶片出现小小的圆形褐点，斑点会扩大到植株其他部位，严重时会导致植株死亡。
易受影响的植物：蚕豆。
预防措施：提高土壤排水性，控制株距以保证空气和光线流通。
治疗措施：在感染前使用杀菌剂以抑制真菌。但是如果已经发病，则缺乏针对性强的治疗方式。

铁线莲枯萎病
症状：铁线莲的枝条突然出现萎蔫，迅速死亡。铁线莲在初花期最容易发生枯萎病，通常是地下的根茎部位易感病。
易受影响的植物：铁线莲，尤其是大花品种。
预防措施：保持土壤湿润，定期浇水施肥，使用树皮等覆盖根部。选择抗性强的品种。
治疗措施：从基部剪除枯萎的枝干。尚未有专业有效的化学药品。

根瘤病
症状：感病植株的根部急剧膨大使地上部分长势变弱，叶片发紫，枯萎，严重时可导致植株死亡。
易受影响的植物：包括块根植物在内的许多花园植物，例如蕉青甘蓝等。
预防措施：增强土壤的碱性，提高土壤排水能力；清除落叶；选择抗性强的植株。
治疗措施：无。

苹果蠹蛾
症状：苹果、梨等成熟果实表皮出现小洞，果肉被小毛虫蛀出很多虫道，并充满毛虫的排泄物。
易受影响的植物：苹果、梨。
预防措施：发现害虫及时清除，可采用刮树皮、树干上束草环等办法诱杀幼虫。
治疗措施：小卷蛾斯氏线虫可以杀死越冬的苹果蠹蛾幼虫。也可以在早春至夏季使用专门的杀虫剂。

土豆疮痂病
症状：染病的块茎或块根表面出现近圆形或不定形的木栓化疮痂状淡褐色病斑，枝干触感粗糙。通常病斑只出现于皮层。
易受影响的植物：土豆、甜菜、萝卜、蕉青甘蓝和芜菁甘蓝。
预防措施：在块根生长期，向土壤中添加有机物，保持土壤湿度。果实成熟前不要使用碱性肥料。选择抗性强的品种。
治疗措施：发病后，没有有效的应对措施。

珊瑚斑病
症状：植株已经死亡的枝干上出现小型的橙红色脓包，病情严重时会导致整株植物死亡。
易受影响的植物：许多乔木和灌木都容易感染此病。
预防措施：在气候干燥时，合理修剪树木。
治疗措施：将出现症状的部位彻底剪除。没有特效的杀菌药剂。

醋栗水泡蚜
症状：在春季和初夏，嫩叶表面出现红色或黄色的凸起，背面有浅黄色的小虫。植物整体长势和果实基本不受影响。
易受影响的植物：醋栗。
预防措施：尽量引入瓢虫等蚜虫的天敌。
治疗措施：如果已经出现虫害，可采取的办法很少。冬季，可以使用杀虫药剂杀灭虫卵。

猝倒病（立枯病）
症状：幼苗钻出土面后就不生长，或是突然死亡。
易受影响的植物：幼苗。
预防措施：使用经过消毒处理的播种介质和容器，控制水量以抑制菌丝生长。
治疗措施：无。

鹿、野兔和松鼠
症状：植物的叶、花、茎或表皮有被撕扯的痕迹，或是直接被啃食。茎被部分啃断，导致植物枯死。土壤中的块根被吃掉。即便是较大型的植物也可能会严重受损，甚至死亡。
易受影响的植物：几乎所有植物。
预防措施：在花园四周安装篱笆，以隔绝鹿和野兔。使用防护网保护幼苗。
治疗措施：将受到啃食的部位彻底剪除，采取保护措施防止植物受到进一步损害。

顶梢枯死
症状：一些植物的茎部死亡，叶片枯萎，有时候茎部表皮还会出现黑斑。最先出现染病症状的部位可能是植物基部、顶梢，随后可向植物其他部位扩散。
易受影响的植物：许多植物都容易感染此病。
预防措施：避免积水和干旱。合理修剪，避免真菌感染。
治疗措施：将受影响部位彻底剪除。

霜霉病
症状：发病初期在叶面形成浅黄色近圆形至多角形病斑。空气潮湿时叶背产生霜状霉层，有时可蔓延至叶面。后期病斑枯死连片，呈黄褐色，严重时全部外叶枯黄死亡。
易受影响的植物：许多植物都容易感染此病。
预防措施：避免过度浇水；适当扩大株距；增强通风；选择抗体强的品种。
治疗措施：彻底清除病残落叶；暂无杀菌药剂可以使用。

线虫
症状：植株矮小，生长畸形，茎部膨大。经常可以在受害植株的球茎、根部或茎干上发现这种小小的类似头发的虫子。
易受影响的植物：水仙、洋葱、夹竹桃和土豆。
预防措施：销毁受感染植株。坚持采用轮作技术。
治疗措施：无。

火疫病
症状：花朵和相邻的嫩芽枯死，叶片枯黄但不掉落。在潮湿的天气下，感病部位会渗出白色液体，树皮凹陷。
易受影响的植物：苹果、梨、桃等。
预防措施：清洁修剪切口，避免病情扩散。
治疗措施：剪除任何受感染部位，焚烧销毁。

跳甲虫
症状：主要危害十字花科植物。成虫多以食叶造成危害，将叶片咬成许多小孔并不断蔓延，刚出土的幼苗子叶被吃后，使植株不能继续正常生长，甚至整株死亡。
易受影响的植物：十字花科植物，例如萝卜、白菜、甘蓝、花椰菜等。
预防措施：使用防虫网覆盖幼苗。
治疗措施：使用杀虫药剂。

真菌性叶斑病

症状：叶片出现白色或褐色斑点，斑点可能会连接成片，严重时导致叶片死亡。
易受影响的植物：许多植物都容易感染。
预防措施：剪除并烧毁受感染叶片；保持良好的生长环境。
治疗措施：一般不需治疗，可以适量使用杀菌剂。

唐菖蒲基腐病

症状：受害植株最初在基部形成黑褐色小斑点，后转变成黑褐色并腐烂。病株叶片黄化，植株倒伏、枯死。
易受影响的植物：唐菖蒲、番红花等鸢尾科植物。
预防措施：种植前检查种球健康状况，必需坚持连作。
治疗措施：烧毁受感染植株。

灰霉病

症状：该病是真菌性病害，属于低温高湿型病害。植物的花、果、叶、茎均可发病。果实染病，青果受害严重，受害果皮呈灰白色，并生有厚厚的灰色霉层，呈水腐状，叶片从叶尖开始发病，沿叶脉间成“V”形向内扩散。
易受影响的植物：果树、蔬菜和许多观赏植物。
预防措施：及时清理所有受感染部位。温室种植时确保空气流通。
治疗措施：及时清理所有受感染部位。暂无有效的杀菌剂。

光轮疫病

症状：叶片表面出现潮湿的斑痕，斑痕逐渐变黑，外部有黄色的光圈环绕。染病叶片会逐渐死亡。感病植株产量减少。
易受影响的植物：芸豆、红花菜豆。
预防措施：从正规经销商处购买健康种苗。
治疗措施：彻底销毁所有染病植株。

藜芦叶斑病

症状：叶片表面出现黑褐色区域，染病区域叶片组织彻底死亡。植物茎部也可能染病，导致植株死亡，感染植株产量减少。
易受影响的植物：藜芦。
预防措施：彻底剪除染病叶片，重剪老叶，刺激新叶生长。
治疗措施：无。

萱草属植物瘿蚊

症状：花蕾肿胀变形，停止生长。有时可在感染部位发现微小的白色蛆虫。
易受影响的植物：萱草属植物
预防措施：种植晚花品种。
治疗措施：销毁所有受感染的花蕾。

蜜环菌

症状：菌盖直径4~14厘米，淡土黄色、蜂蜜色至浅黄褐色，中部有平伏或直立小鳞片，有时近光滑，边缘具条纹。夏秋季在很多针叶或阔叶树树干基部、根部或倒木上丛生，受感染的植株。
易受影响的植物：许多木本植物和草本多年生植物。
预防措施：种植抗性强的品种，例如竹子、紫杉等。
治疗措施：将菌群挖出，焚毁受感染植物。将土壤中残存的菌群彻底铲除。

葱须鳞蛾

症状：植株茎干出现白色的斑痕，在斑痕处的茎内部有时会发现头部呈褐色的毛虫啃食植物。虫害严重时会使茎部腐烂，植株死亡。
易受影响的植物：大葱、洋葱、大蒜。
预防措施：铺设防虫网。
治疗措施：人工清除叶片上的虫茧。没有可供使用的杀虫剂。

百合甲虫

症状：虫体呈现亮红色，幼虫以啃食叶片为生，有时也危害花蕾。
易受影响的植物：百合。
预防措施：无。
治疗措施：人工清除；在春季和夏季使用杀虫剂。

百合炭疽病

症状：花瓣上出现黄褐色椭圆形斑痕，严重时会扩散到叶片，导致叶片萎蔫、死亡。受感染的花蕾变形，茎干死亡。
易受影响的植物：百合
预防措施：秋季，清除所有地面残留的叶、花。
治疗措施：清除所有受感染叶片，没有特殊的杀菌药剂可供使用。

老鼠

症状：种球从土壤中被扒出来，成熟的果实也会被从树上咬落。
易受影响的植物：球根植物、豆类植物和其他蔬果。
预防措施：将种球种植在容器中或将刚种植的种球附近的土壤压紧、压实。
治疗措施：设置捕鼠陷阱。但是要确保鸟类、宠物和小孩不被误伤。

水仙基腐病

症状：主要危害植株的鳞茎及根部。患病植株根部呈褐色软腐，鳞茎基部腐烂或开裂，并向鳞茎内部发展，鳞片之间有时具白色或红色霉层。叶片自上部失绿呈黄色，后变成黄白色，重者全株枯死。
易受影响的植物：水仙。
预防措施：不要种植或贮藏已经出现染病症状的种球。如果进行地栽，每年都要更换种植地点。
治疗措施：销毁受感染植株和种球。没有可供使用的杀菌药剂。

水仙鳞茎粉虱

症状： 盛夏，体型较大的蛆虫从种球内部啃食鳞茎，受害种球在第二年春季无法长出叶片或开花。
易受影响的植物： 水仙、雪花莲。
预防措施： 从可靠的购买种球。成虫一般在晚春和初夏产卵，可以通过铺设防虫网保护种球。
治疗措施： 销毁所有受感染种球，没有可供使用的杀虫剂。

营养元素缺乏症

症状： 叶片发黄或变红，植株生长缓慢，花量减少，植株慢慢死亡，但并没有发现被病虫害感染的迹象。植物缺铁表现为，叶脉间黄化或仅较大叶脉保持绿色，严重时顶叶脱落后出现"梢枯"；植物缺氮表现为，生长矮小，分枝、分蘖很少，叶片小而薄，花果少且易脱落；缺氮还会影响叶绿素的合成，导致叶片早衰甚至干枯；植物缺镁表现为，下位叶叶肉褪绿黄化，大多发生在生育中后期，尤其以果实形成后多见。阔叶植物褪绿后大多形成清晰网纹花叶。
易受影响的植物： 所有植物，尤其是果树和蔬菜。
预防措施： 种植前向土壤中添加有机堆肥，改良土壤质地。沙质土质地太轻，营养流失严重。在植物生长旺季，适时适量补充肥料。
治疗措施： 根据说明，适时适量使用有机肥或化肥。

葱蝇

症状： 初夏，叶片萎蔫，幼苗因根系被啃食而枯萎死亡。夏末，虫子钻入鳞茎中，导致种球腐烂。
易受影响的植物： 洋葱、大蒜、韭菜等。
预防措施： 购买种苗种植能够免受虫害侵扰；在苗圃上覆盖防虫网，阻止成虫产卵。
治疗措施： 挖出受影响植株；使用生物防控措施。

葱蓟马

症状： 成虫和幼虫危害植物心叶、嫩芽及幼叶，葱类的整个生长期都可能受害，致使葱类受害后在叶面上形成连片的银白色条斑，严重的叶部扭曲变黄、枯萎。
易受影响的植物： 大葱、洋葱和韭菜。
预防措施： 春季覆盖防虫网。
治疗措施： 一般无需特殊的治疗方式。可以适量使用杀虫剂，或在夏季通过生物防控的方式抑制虫害。

洋葱白腐病

症状： 最初叶片顶端变黄，继而向下蔓延，在鳞茎和不定根上生出绒毛状白色菌丝，随后感病部位呈水渍状而腐烂，后期在菌丝层中产生芝麻粒大小的黑色菌核。地上部分外观看似生理病害，拔出后在不同发病时期都会看到水渍状病斑、白色菌丝层或已经产生菌核。
易受影响的植物： 洋葱、大葱、韭菜和大蒜。
预防措施： 坚持轮作，发现病株及时拔除并烧毁。
治疗措施： 没有可供使用的杀菌药剂。

防风草溃疡病

症状： 块根顶部出现橙棕色的粗糙区域。
易受影响的植物： 防风草。
预防措施： 种植抗性强的品种；提高土壤的排水性；使用防虫网保护苗圃。
治疗措施： 无

豌豆象鼻虫

症状： 叶片边缘有凹形的啃食痕迹。通常并不会对植株造成严重影响。
易受影响的植物： 豌豆和蚕豆。
预防措施： 无。
治疗措施： 一般无需特殊的治疗措施，但虫害严重时，可以使用杀虫剂。

豌豆蛀荚蛾

症状： 夏季，在豆荚内可以发现白色的小型毛虫。
易受影响的植物： 豌豆。
预防措施： 早春或夏末种植生长期短的品种，可以避开成虫的产卵期；铺设防虫网。
治疗措施： 花谢后，喷洒杀虫剂。

桃树缩叶病

症状： 主要危害叶片，严重时也危害花、果和新梢。感病植株的嫩叶刚伸出时就显现卷曲状，颜色发红。随着叶片逐渐开展，卷曲及皱缩程度增加，全叶呈波纹状凹凸。病叶较肥大，叶片厚薄不均，质地松脆。
易受影响的植物： 桃、杏。
预防措施： 种植抗性强的品种；可以在冬季至初春覆盖透明塑料薄膜的方式，保持树枝干燥，避免受到感染。
治疗措施： 早春桃发芽前喷药防治，可达到良好效果。展叶后喷药，不仅不能起到防病作用，且容易发生损伤植株。

梨瘿蚊

症状： 幼虫危害梨芽和嫩叶。芽、叶出现黄色斑点。不久，叶面出现凹凸不平的疙瘩，受害严重的叶片纵卷，提早脱落。
易受影响的植物： 梨。
预防措施： 销毁受害的果实，防治幼虫通过落果进入土壤。
治疗措施： 在花前使用杀虫剂。

牡丹枯萎病

症状： 感病植株初期出现黑褐色斑块，随后病斑逐渐扩大成红褐色椭圆形病斑，环绕枝条或茎，致使病部以上枝干枯死。秋季，病斑上出现黑色小点。芽受害后变成褐色，枯死芽能长时期残留在植株上。
易受影响的植物： 牡丹。
预防措施： 秋季，剪除所有受害枝干。
治疗措施： 无。

拟盘多毛孢属真菌

症状： 感病植株叶片发黄，茎部可能枯萎死亡。在针叶树组成的树篱上可能出现褐色的大块斑痕。
易受影响的植物： 许多针叶树。
预防措施： 保持植物旺盛的长势，使其增强抵抗力。

治疗措施：剪除受影响区域。

疫霉根腐病

症状：叶片枯萎、黄化，病情逐渐扩散至枝干，使枝干枯萎、死亡 。
易受影响的植物：许多乔木和灌木。
预防措施：提高土壤排水性。
治疗措施：清除、焚毁病株，更换发病处土壤。

梅木蛾

症状：在成熟的果实中可以发现淡粉色的毛虫和它们的排泄物。
易受影响的植物：李树、梅树。
预防措施：在春末至夏季，利用梅木蛾信息素设置陷阱以捕杀雄性梅木蛾。
治疗措施：一旦发现梅木蛾就立即喷洒杀虫剂。

土豆黑胫病

症状：害虫传播疾病。染病植株矮小，节间缩短或叶片上卷，褪绿黄化，茎部与地面接触处变黑、干缩，直至植株萎蔫死亡。
易受影响的植物：土豆。
预防措施：选用无病种薯，坚持轮作。
治疗措施：及时清除受感染的块根。没有可供使用的杀菌药剂。

土豆枯萎病

症状：一般在开花结果期发病，局部受害，全株显病。感病初期，仅植株下部叶片变黄，但多数不脱落，随着病情发展，病叶自下而上变黄、变褐，除顶端数片完好外，其余均坏死或焦枯。有时病株一侧叶片萎垂，另一侧叶片尚正常。
易受影响的植物：土豆、番茄（尤其是室外种植时）。
预防措施：坚持轮作；种植抗性强的品种；垫高苗床，以保护块根。
治疗措施：一旦出现染病迹象，迅速将整株铲除销毁。

白粉病

症状：植株的叶片、枝条、花朵及果实的表面有时会有白色的粉状霉菌生长。感染病菌的部位会变色、变形。
易受影响的植物：许多植物都容易感染。
预防措施：确保水分供给充足；耙除落叶；选择抗性强的品种。
治疗措施：使用杀菌药剂。

树莓甲虫

症状：果实表面出现褐色逐渐干枯的斑痕，可能还有蛆虫活动。
易受影响的植物：覆盆子、黑莓。
预防措施：无。
治疗措施：在果实成熟前使用杀虫剂。

树莓茎腐病

症状：茎顶端生黑色短条斑或小斑块，稍凹陷，高温高湿条件下病斑迅速扩展向茎下方蔓延。病茎变黑，软化呈黏性或收缩成线状，后期叶片逐渐萎蔫，腐烂死亡。
易受影响的植物：树莓。
预防措施：不要在发病处种植相同品种；改良土壤，适当稀植；避免损伤茎条，导致感染。
治疗措施：从基部剪除染病枝条。

红蜘蛛

症状：主要危害花卉的叶、茎、花蕾、果实、块根及球茎等，刺吸寄主汁液，使受害部位脱绿，出现灰黄色小斑点，严重时造成叶片枯焦及提早落叶，有的还能传播病毒。
易受影响的植物：许多有遮盖的植物和夏季户外种植的植物
预防措施：无。
治疗措施：生物防治或是适量使用杀虫剂。

红线病

症状：草坪红线病容易辨认，在叶片上有粉红色子座，在早晨有露水时，子座呈胶状或肉质状。
易受影响的植物：草坪。
预防措施：春季施加氮肥。增强草坪的通风、排水能力。
治疗措施：使用杀菌药剂。

根蚜

症状：植株生长缓慢，在炎热气候下，容易枯萎死亡。在植物基部可以发现奶油色或黄绿色的昆虫。
易受影响的植物：许多观赏植物和蔬菜。
预防措施：夏季覆盖防虫网可以抑制虫害；坚持轮作。
治疗措施：剪除受害严重的叶片。杀虫剂对于这类地下害虫效果有限。

月季黑斑病

症状：叶片、嫩叶、嫩枝和花梗等均可受害。叶片上初生黑褐色放射状近圆形病斑，其外常有一黄色晕圈，后期病斑上出现黑色小颗粒。
易受影响的植物：月季。
预防措施：秋季耙除、焚毁落叶
治疗措施：一旦发现染病迹象，迅速使用杀菌剂。

月季重茬病

症状：新移植的植株生长缓慢，甚至死亡。根系通常会腐烂。
易受影响的植物：月季，玫瑰
预防措施：更换种植地点周围的土壤；适量使用高氮肥料。
治疗措施：通常更换种植地点，病株很快就能复原。

迷迭香甲虫

症状：这种甲虫藏于花坛内以叶子为食，具有红绿相间的金属质感外壳。
易受影响的植物：迷迭香和薰衣草属植物
预防措施：无。
治疗措施：人工清除成虫及其幼虫；在植物的非开花期，可以适量使用杀虫剂，以避免误伤授粉昆虫。

锈病

症状：真菌类疾病，一般只引起局部感

染，受害部位会出现不同颜色的小疱点或疱状物，有的还可以在枝干上引起肿瘤、粗皮、丛枝、曲枝等症状，造成落叶、焦梢、生长不良。
同类疾病：豆类、蜀葵、韭葱、薄荷和月季锈病。
易受影响的植物：许多植物都容易感染锈病。
预防措施：秋季彻底清园；避免使用高氮化肥。
治疗措施：清除染病部位；使用杀菌剂。

叶蜂

症状：幼虫以啃食树叶为生，能在果实中钻出虫道，或者使月季叶片卷曲成雪茄状。
同类害虫：苹果、醋栗、李子卷叶虫。
易受影响的植物：许多多年生植物、果树和灌木。
预防措施：抑制越冬幼虫数量，以防止它们来年大量产卵。
治疗措施：春季和夏季，人工清除害虫并适量使用杀虫剂。

介壳虫

症状：花卉和果树的常见虫害，成虫会蜡质分泌物，即介壳。常群集于枝、叶、果上，吸取植物汁液为生，严重时造成枝条凋萎或全株死亡。介壳虫的分泌物还能诱发煤污病，危害极大。
易受影响的植物：灌木、乔木、攀缘植物和许多温室种植的植物。
预防措施：无。
治疗措施：使用专门的杀虫剂。

穿孔病

症状：危害叶片、新梢及果实叶片，感病初期产生半透明油浸状小斑点，后逐渐扩大，呈圆形或不整圆形，紫褐色或褐色，周围有淡黄色晕环患处容易形成穿孔。
易受影响的植物：乔木与灌木。
预防措施：改善植物生长的自然环境；合理修剪。
治疗措施：叶片穿孔还可能是由于其他真菌或细菌性疾病引起的，确定治疗措施前应仔细辨别病因。

银叶病

症状：植株生长势弱，株型偏矮，叶片下垂，生长点叶片皱缩，植株生长呈半停滞状态，茎部上端节间短缩；茎及幼叶和功能叶叶柄褪绿，以后全叶变成银色。
易受影响的植物：梨树、樱桃、杏树和杜鹃。
预防措施：夏季合理修剪树木，在修剪创口敷上药剂。
治疗措施：无。

蛞蝓和蜗牛

症状：叶片、花朵等部位出现被啃食的虫洞，茎、根系也会被啃食。受害植物上一般能找到黏液痕迹。
易受影响的植物：幼苗、花坛植物等最容易受到侵害。
预防措施：积极将它们的天敌引入花园。在植物周围设置陷阱，或铺设防虫网以隔离害虫。
治疗措施：在春季，利用生物防治方式能够抑制鼻涕虫的数量，但对蜗牛不起作用。

煤污病

症状：受害植株的叶片、叶梢形成黑色霉斑，后扩大连片，使整个叶片、嫩梢上布满黑霉层。
易受影响的植物：紫薇、牡丹、山茶、桂花等许多花木。
预防措施：避免密植，适当修剪，增强通风透光，切忌环境湿闷。
治疗措施：该病发生与分泌蜜露的昆虫关系密切，喷药防治蚜虫、介壳虫等可以减少发病。

跗线螨

症状：新叶或花朵较小甚至变形，停止生长。顶梢往往密布微小昆虫。
易受影响的植物：许多花坛植物和多年生花卉。
预防措施：种植前确定植株没有虫害迹象。
治疗措施：销毁染病植株，没有特效的杀虫剂。

蓟马

症状：小型、细长的昆虫，经常在叶片表面活动，会造成叶片或花朵损伤。
易受影响的植物：许多植物。
预防措施：无。
治疗措施：一般不需要专门的治疗，可以适量使用杀虫剂。

甘蓝夜蛾

症状：主要以幼虫危害叶片，初孵化时的幼虫围在一起于叶片背面危害，白天不动，夜晚活动啃食叶片。严重时，能将叶肉啃光，仅留下叶脉和叶柄。
易受影响的植物：甘蓝。
预防措施：无。
治疗措施：及时人工清除虫体，喷洒杀虫剂。

郁金香疫病

症状：叶、花瓣和球根均可能发病。叶片发病初期为淡黄色的褪色小斑，不久沿叶脉扩展，扩大成圆形或不规则大型病斑，可达数厘米；病斑周围暗色水渍状，后期稍稍下陷。
易受影响的植物：郁金香。
预防措施：选择健壮的种球种植。一旦发病，该种植点3年内不能再种植郁金香。
治疗措施：迅速移除病株。

郁金香鳞茎腐烂病

症状：叶片停止生长，迅速死亡。受感染的种球变成灰白色，逐渐腐烂，种球表面会出现灰白色的真菌霉层。
易受影响的植物：包括花葱、番红花、百合、水仙、郁金香在内的许多球根植物。
预防措施：选择健壮的种球种植。
治疗措施：迅速移除病株，彻底更换种植土。

黄萎病

症状：发病初期，植株下部叶片局部萎蔫，叶片上卷。病部逐渐由黄白色转为黄色。随着变色部位逐渐扩大，整片叶片黄变，慢慢枯死。
易受影响的植物：许多植物。
预防措施：避免使用携带病菌的土壤与种子。
治疗措施：烧毁病株。

荚蒾甲虫

症状：晚春至初夏，幼虫的啃食会导致灌木落叶严重。成虫一般在盛夏至秋季危害植物。
易受影响的植物：荚莲属植物。
预防措施：无。
治疗措施：人工清除成虫，或在晚春喷洒杀虫剂。

象甲虫

症状：在春季和夏季，成虫会在叶片边缘留下凹形的啃食痕迹。秋季和冬季，土壤中的幼虫会啃食根系，严重影响植物生长。如果根系受损严重，植物会迅速死亡。
易受影响的植物：许多植物，尤其是容器种植的植物。
预防措施：人工清除成虫，引入天敌。
治疗措施：在夏末，使用针对线虫的生物控制方式效果较好。杀虫剂只能杀灭植株表面的害虫，对土壤中的幼虫却无能为力。

病毒性疾病

症状：叶片、茎、花等部位出现明显斑痕，生长畸形，植株长势变弱。但病毒性疾病一般不会导致植株死亡。
易受影响的植物：许多植物。
预防措施：控制野草长势和蚜虫数量；选择抗性强的品种。
治疗措施：销毁所有发病植株。

黄蜂

症状：李子、桃子等成熟的果实表面出现圆孔。
易受影响的植物：果树。
预防措施：及时采摘成熟的果实；清理树下的落果，避免堆积。
治疗措施：架设防虫网。

粉虱

症状：小型的白色昆虫，能分泌蜜露，容易诱发煤污病。
易受影响的植物：许多温室种植的植物和灌木。
预防措施：无。
治疗措施：适量使用杀虫剂；如果是温室种植，可以在植物间隙处悬挂亮黄色的粘虫板。

松白条尺蠖蛾

症状：春季，幼虫有吐丝下垂，在空中飘荡的习性，一步一曲形似拱桥的行走方式，故俗称“吊死鬼”。食叶性害虫，繁殖迅速，暴食针叶树成灾。开花植物和小型果树也可能受到侵害。
易受影响的植物：针叶树、果树。
预防措施：吸引鸟类到花园里捕食；晚秋，在树干上涂抹一圈药用油脂，阻止雌虫上树产卵。
治疗措施：春季树叶展开后，使用杀虫剂。

切根虫

症状：通过啃食茎部、块根的方式为害，甚至会杀死植物。幼虫在土壤中生活。
易受影响的植物：幼苗和块根作物。
预防措施：迅速挖出病株。每年都要做好土壤的整理工作。
治疗措施：无。

花园盟友 及时浇水施肥，保证良好的生长环境，积极引入有益生物，就可以解决绝大部分的花园难题。

索引

A

B

C

D E

F

G

H

I J K

L

M

N

O

P

Q R

S

T

U V